新潮新書

斎藤充功
SAITO Michinori

昭和史発掘
開戦通告はなぜ遅れたか

076

新潮社

＊本文中写真は、13ページ毎日新聞社、42ページ著者、それ以外は新庄孝夫氏の提供。

はじめに

本書の主人公、新庄健吉《しんじょうけんきち》の名を初めて知ったのは十九年前になるだろうか。当時、私は、陸軍の謀略戦器材を開発していた秘密研究機関の第九陸軍技術研究所、通称「登戸《のぼりと》研究所」の取材を進めていた。多くの関係者に会う中、登戸研究所で法幣《ほうへい》（中国国民党の法定通貨）偽造の責任者であった故山本憲蔵《けんぞう》主計大佐からも話を聞く機会を得ることができた。その時のことである。彼が唐突にこんな話をしてくれた。

「私と同じ陸軍経理学校の出身で、主計大佐の新庄さんという伝説的な先輩がいるんです。彼は、日米開戦直前にアメリカで客死しています。何でも諜報の仕事をしていて、そのせいで謎の死を遂げたのではと、葬儀の時に噂されていたんですよ……」

奇妙な話だとは思ったが、当時、それほど私は山本の話に関心が向かなかった。

しかし、それから十数年を経た頃、再び新庄の名を耳にすることになったのである。かつて日本の陸軍に存在した諜報戦特務機関「ヤマ」について書いた前著『昭和史発掘 幻の特務機関「ヤマ」』（新潮新書）を執筆するために関係者を取材していた際であった。やはり取材相手の一人から偶然にも新庄の名前があがったのだ。

陸軍の主計大佐でありながら、ニューヨークへ対米諜報のため派遣された情報将校。決してスパイ映画のような非合法な諜報活動をするわけでもなく、公刊されている雑誌や新聞、統計年鑑からの数字データだけで、確実な情報を引き出していく――。

「いわば〝数字のスパイ〟といったところでしょうか。また、新庄さんは、開戦前から堂々と〝日本は負ける〟と公言していたんです。かなりセンセーショナルなことでした……。任務地の米国で亡くなり、開戦当日の十二月七日（ワシントン時間）に、ワシントンで葬儀が行われました。米国の諜報組織による謀殺説を囁く者までいました」と。

いつしか私は、新庄健吉なる人物に強く引かれていた。開戦直前の戦意高揚ムード一色の中にあって、仮にも陸軍大佐という立場の者が、公然と日本の敗戦を予言したという。また同時に、単に会計を主務とする主計という職務の軍人が、いったいスパイ活動などできるものなのかどうか、疑問が湧いた。真偽を確かめたく思った。以来、彼の追跡を始めたのである。

とはいえ、一般にはあまり名を知られていない主計将校の調査など何から手をつけてよいのか……。最初は戸惑っていた。

とりあえずは九段の靖国偕行文庫《やすくにかいこうぶんこ》を当たってみることにした。ここには新庄が卒業したという陸軍経理学校の同窓会名簿が収められているはず。そこに新庄を知る手がかりがあるのではないかと、望みをかけたのである。

しかし確認できた新庄の同窓生は、残念ながら全て亡くなっていた。仕方なく、私は、年次の近い卒業生を名古屋、奈良、松本、仙台と、手当たり次第、次々と尋ねていった。だが、なかなか要領をえない。それでもようやく何軒目かで新庄を知っているという、長崎に住む卒業生を捜し当てることができた。そして新庄が生まれ育った京都府綾部《あやべ》市の実家や親戚の方々にたどりつくことができたのである。

そこで、思わぬ発見をするとは夢にも思わなかったのであるが……。

本書で、私は四十四歳で逝った「数字のスパイ」新庄健吉を描いた。そして彼にまつわることから、昭和史を覆すある新発見を提示した。

歴史の真相にどこまで迫ることができたかは、読者諸賢の判断を仰ぎたい。

（文中敬称略）

昭和史発掘　開戦通告はなぜ遅れたか——目次

第一章　ワシントンＤＣで行われたある日本人の葬儀

五十五分遅れた「対米覚書」

一九四一年十二月七日午後一時二十五分（ワシントン時間）、南雲忠一《なぐもちゆういち》中将率いる連合艦隊の空母機動部隊は、ハワイ・オアフ島の真珠湾に停泊中だった米国太平洋艦隊を奇襲攻撃した。太平洋艦隊は、大小十数隻の艦艇に被害を被り、うち八隻の戦艦が沈没（擱座《かくざ》）あるいは大破するというまさに壊滅的混乱に陥った。

奇襲自体は戦果をあげたわけだが、しかしその一方でこの真珠湾攻撃は、日本にとって大誤算となった。「開戦劈頭《へきとう》主力艦隊を猛爆撃して、米国海軍及び米国民をして救う可からざる程度に、其《そ》の士気を阻喪《そそう》せしむこと」（山本五十六《いそろく》連合艦隊司令長官）を目的としていたにもかかわらず、逆にルーズベルト大統領に「トレチャラス・アタック」（卑怯な騙し討ち）との口実を与えてしまったのだ。その結果、必ずしも一つにまとまっていたわけではなかった米国民を「リメンバー・パール・ハーバー」のかけ声の下、日本憎しと、一致団結させてしまったからである。

本来であれば、真珠湾攻撃開始予定の三十分前（実際の攻撃は予定の五分前に始められていた）に、帝国政府の最後通牒ともいうべき日米交渉決裂の意思をしたためた対米覚書（通告文）は、米国側のコーデル・ハル国務長官に手交《しゅこう》されるはずであった。しかし駐米大使の野村吉三郎《きちさぶろう》が実際にハル国務長官に「通告文」を手渡したのは、実に七日午後二時二十分（ワシントン時間）のこと。つまり、日本海軍による真珠湾攻撃が始まってから、すでに五十五分も経過した後だった。

その原因が、ワシントンの日本大使館の不手際にあったことは、すでに歴史が示すところである。

私はこの希に見る外交上の大失態を、全て野村大使一人に押し付けるつもりはない。しかしながら、この当時、在米日本大使館の最高責任者であった野村に大使館員たちを統率してゆくだけのリーダーシップが欠けていたことは否めないだろう。

野村は、外交については素人ともいうべき予備役の海軍大将であった。エリート外交官の館員たちにとって、元軍人の大使は煙たいだけの存在。みな、野村に対する態度は面従腹背《めんじゅうふくはい》であったという。日本大使館員たちは、まとまりに欠けていた。それが結果的に、取り返しのつかない歴史上の汚点を付けてしまったことになる。

親書を携えた野村吉三郎

実はここに、史実には表われぬ事実があった。開戦当日の館員たちの行動は、未だその一部しか判明しておらず、また関係者らによる資料や発言にも諸説があって真相がすべて解明されているとは言い難い状況なのである。

肝心の野村大使からして、開戦当日の行動に、はっきりしない謎の部分があったのだ。

今回、私は新庄健吉を追う取材を通じて、開戦当日の在米日本大使館の不手際、さらにいえば、米国に対する開戦通告はなぜ遅延してしまったのかという問いに対して、これまで語り継がれてきた「定説」を根底から覆す真実を見出したのであった。

しかしこの事実を明らかにする前に、まずこれまで発表されてきた文献及び関係者らによる発言から、開戦当日の在米大使館員たちの行動と、開戦通告遅延の理由とされてきた「定説」を検証しておきたい。

午前九時、日本大使館はその時――

時計の針を六十三年前のあの日に引き戻してみる。一九四一（昭和十六）年十二月七日午前九時。ワシントンDCの空は厚い雲に覆われ、外気温は摂氏十度だった。この時間、まだ日本大使館の表門の鉄扉は固く閉ざされていた。

この日、もっとも早く大使館に登庁してきたのは海軍武官補佐官の実松譲《さねまつゆずる》中佐であった。

〈大使館事務所の入口のステップをあがろうとすると、もはや時計の針は九時をすぎているのに、大使館と陸海軍両武官室の新聞（中略）が山のように積み上げられ、そのかたわらには、数本の牛乳ビンがならんだまま〝あくびをして〟いた。

それだけではない。事務所のドアの郵便受けには、前日の退庁後にとどけられたものであろうか、フタもできぬほど配達された電報がつまっている。（中略）

このように放置された電報のなかに、長文のために分割して東京から発信された日本政府の〝最後通牒〟の最後の部分と、この最後通牒をワシントン時間の十二月七日午後一時にアメリカ政府、できればハル国務長官に手渡すように、との訓電がはいっていたのだ。（中略）

「（中略）たるんどるなァ……」

と、つぶやきながら、新聞と牛乳ビンを事務所のなかに入れ、郵便受けの電報を、大使館と陸軍武官室および海軍武官室に仕分けしてとどけたが、まだだれも出勤しておらず、大使館の当直電信課員は、日曜日の朝のミサに出かけているという〉

実松は、登庁してきた時の大使館の様子を、自著『私の波濤《はとう》』（光人社）の中でこのように書いている。

実松の文章には気にかかる箇所がある。それは「郵便受けに電報が詰まっていた」というくだりだ。後に、この郵便受けに詰まっていた電報について、電信官の一人は「電報は誤配を防ぐために配達員は必ず受取人のサインを要求する。不在であれば、一旦持ち帰って再度、配達してくる」と証言している。確かに常識的には実松のいうことは、俄《にわ》かには信じ難い。

はたして電報は本当に郵便受けに詰まっていたのであろうか。ただし実松が感じていたように、七日、当日の日本大使館はそうとうタガが緩んだ状況にあったことは間違いない。前の晩には、南米に転勤する寺崎英成《てらさきひでなり》一等書記官の送別会が大使館近くの中華料理店「チャイニーズ・ランターン」で遅くまで行われていた。また、当時の大使館内では、武官と文官の間に職務上の軋轢《あつれき》があったともいわれている。国家の存亡を決しかねない一日に直面していたにもかかわらず、当の大使館員たちにはまるで緊張感がなかったのだ。

ワシントンと東京の時差は十四時間。ワシントン時間で午前九時といえば、東京は同日の午後十一時であった。

すでに、帝国政府は十二月一日の御前会議で開戦を決定。対米交渉の最終期限を十二月七日とすることも決められていた。

東郷茂徳《とうごうしげのり》外相は、一日の御前会議が終わるや否や、すぐさま、今回決定された対米提案が、いかに重要であるかを強調するため、在米日本大使館に打電していた。

〈この度の提案は我が方としては名実共に最後の提案である。来たるべき交渉の成否は日本帝国の運命に至大の影響を持つものと思われる。我が方としては、まさに帝国の運命をこの折衝に賭けたものである〉（筆者が現代文に直した）

しかしその三日後の十二月四日には、大本営政府連絡会議の席上、「対米最後通牒」に関する文案が討議され、交渉打ち切りを米国へ通告することが決定された。つづく六日の連絡会議では最後通牒の「手交の時間」までもが決められた。

外務本省はこの政府決定に基づいて、「対米通告文」の本文（九〇二号電）を打つ前に、まずパイロット・メッセージと呼ばれた九〇一号電をワシントンの在米大使館に宛てて六日午後八時三十分に発電していた。

九〇一号電は、要約すれば「これから送る電報は長文になるので、十四部に分けて送る。これを米国側に手交する時間は改めて電報で指示するので、いつでも手交することができるように、万端の準備を手配せよ」という内容であった。

　さて、実松の述べるところに依拠すれば、七日の在米日本大使館は午前九時の段階になってもまだ他の大使館員たちの姿はなかったという。いくら館内の空気が弛んでいたとはいえ、国家の命運を決する電文が届いているというのに、考えられないことであろう。

　一方で、対米交渉応援のために日本から来栖《くるす》三郎《さぶろう》特命全権大使に同行してきた、外務省前アメリカ局第一課長の結城《ゆうき》司《し》郎次《ろうじ》一等書記官は、東京裁判において口述書を提出している。その中では、七日の日本大使館の状況を次のように述べていた。

〈七日（日）の午前九時頃、館内の書記官室に行ってみると、奥村（公文書化を担当していた一等書記官）が覚書をタイプに打っていた。それは六日夜には始めていなかったとのこと。まもなく電信室員が到着しはじめ彼らとの話から、六日の夕食後、その全員が再び登庁して午後九時半頃解読にかかり、十三通の解読を夜半前に完了し、十四通目を待つだけとなった（中略）。

　七日の午前七～八時の間に数通の電報が配達され、当直は電信室員全部に呼出しをかけたが、すぐには登庁できず気をもんでいたようだ〉（『昭和史の謎を追う』秦郁彦《はたいくひこ》、文

春文庫より引用）

結城が大使館に届けられた東京発の電報を確認できたのは、前日から大使館に泊まっていたためである。そして、結城は電信室の勤務シフトについて、実松説とは食い違う口述をしている。

結城によれば、「当直は在室していた」ことになっているのだが、一方の実松は、「当直はミサに出かけていた」と書いている。はたして、どちらの言い分が正しいのか。判断がつきかねる午前九時前後の大使館の様子である。

結城の証言によれば、午前九時という時間にはすでに、政務担当首席書記官の奥村勝蔵は自室で仕事に取りかかっていたことになる。奥村が七日朝に出勤してきたのか、それとも前夜から大使館に泊まり込んでいたのか、いずれにせよ、その点は判然としないのが実情である。

東京発「九〇二号電」

東京裁判で検察側証人として出廷した、外務省電信課長の亀山一二《かずじ》の証言に注目してみたい。彼は、東京発信の電報について詳細な供述を残している。この亀山が残した東京からの発信記録を引用して、当時、外務省から在米大使館へ発信された電報の流れを、時間軸にしたがって整理してみる。

〈覚書最初の十三本の電報（九〇二号電）は、十二月六日の午後八時三十分から七日午前零時二十分の間に東京中央電信局に発送され、六日午後十時十分から七日午前一時五十分にかけて米国に向けて発電された。この十三本の電報は現地時間で十二月六日午前九時から午後一時頃到着したはず。そして、同日の午前十一時から午後三時頃には大使館に配達になったと想像できる〉（『文藝春秋』二〇〇一年一月号、須藤《すどう》眞志《しんじ》氏の記事より引用）

十三本の電報が大使館に配達された時間は、六日の午前十一時から午後三時（ワシントン時間）の間と、亀山は供述している。一方、結城は電信室員に聞いた話として、「十三通の電報の解読を始めたのは、六日の午後九時半からで全文十三通の解読が終わったのは、夜半前。後は、最後の十四通目の配達を待つだけ」と口述している。二人の話から、電信室員が遅くとも六日土曜日の深夜までには十三通の電報の解読を終えていたことがわかる。では十四本目の電報はいつ大使館に届いたのか。
〈十四本目の電報は記録によれば東京中央電信局より十二月七日午後五時にＭＫＹ（米国の電信会社）経由で、午後六時にＲＣＡ（同）経由で発送された。それらは遅くも現地大使館に（現地時間で）七日の午前六時から七時には配達になったはず〉（同前）
つけ加えるならば、この九〇二号電の第十四部に続き、九〇七号電という短い訓電が発電されている。九〇七号電は、
〈本件対米『覚書』は貴地時間七日午後一時を期し米側（成《な》る可《べ》く国務長官）に貴大使より直接手交ありたし〉
と書かれた極めて短いものであった。また、この訓電は九〇二号電の最後の十四部、
〈仍《よっ》て帝国政府は茲《ここ》に合衆国政府の態度に鑑《かんが》み今後交渉を継続するも妥結に達するを得《え》ずと認むるの外なき旨を合衆国政府に通告するを遺憾《いかん》とするものなり〉
に続いて発電されたもので、帝国政府の最終決断を、米国に通報する時間を指定した、最も重要な電報である。
結城は九〇二号電の第十四部が在米日本大使館に配達された時間として、ワシントン

時間で概ね七日の午前七時から八時の間に、数通の電報が大使館に配達されていたことを口述している。結城がいっていた電報とは、おそらくこの九〇二号電の第十四部と九〇七号電のことだったと推測することができる。

さらに結城証言の「数通の電報」の中には、九〇二号電第十四部や九〇七号電を発電する直前、

〈申す迄《まで》もなきこと乍《なが》ら本件覚書を準備するに当りては『タイピスト』等は絶対に使用せざる様機密保持には此上共《このうえとも》慎重に慎重を期せられ度し〉

と、厳秘を指示した九〇四号電も一緒にあった可能性が高い。

「大使館の怠慢」という定説

繰り返しになるが、問題の焦点は本省から電報の取扱について予告電が発電され、そのうえ手交時間をワシントン時間で午後一時と指定されていた（九〇七号電）にもかかわらず、なぜ通告文の手交が一時間二十分も遅延してしまったのかということにある。

その責任は東京にあったのか、それとも在米日本大使館にあったのか。戦後、この問

題に関して多くの研究と検証がなされてきた。そして、導き出された結論は、「大使館員の勤務シフトと暗号解読の不手際、浄書のタイピングに時間がかかり過ぎた。そして、その原因をつくったのは大使館側の怠慢に外ならない」というものだった。これが今日、遅延の理由としてなかば「定説」となっているものだ。

電信室で解読した対米通告文をタイピングして浄書したのは前出の奥村一等書記官である。その奥村が書記官室でアンダーウッドのタイプライターに向かって、慣れぬ手つきで必死にキーを叩いていたのを目撃したのが結城であった。奥村がタイプライターのキーを打ちはじめたのは、七日の午前九時頃からではないかといわれている。

では、その作業はいつ終了したのか。その辺の事情を実松は、『米内光政《よないみつまさ》秘書官の回想』（光人社）にこう書いている。

〈午後零時半、電信課員が七日朝に受け取った第十四部の翻訳を終わり、書記官室へ届けに行った。しかし、奥村はまだ第一部から第十三部までの浄書を終えていない。かれが第十四部を含む対米最後覚書の全文を浄書し終わったときには、すでに時計は午後一時五十分を指していた。（中略）野村大使は深い憂いを抱きながら、大使の部屋

と書記官室との間を何回となく往復した〉

実松は、当日午後の野村大使の焦りをこのように書き、さらに、その時間に書記官室にいた人物は、奥村勝蔵、結城司郎次、松平康東《こうとう》、寺崎英成の四書記官であったとも記している。

一等書記官の寺崎英成は、ノンフィクション作家の柳田邦男氏の著作『マリコ』（新潮社）では、日米開戦を阻止しようとする知米派の外交官として描かれている。しかし後述するが、実際は外相だった松岡洋右《ようすけ》とホットラインで結ばれた、対米諜報に携わるスパイの顔を持っていた。本書の主人公である新庄健吉とも頻繁にニューヨークで接触し、情報交換をしていた人物だった。

実松は、通告文の最終ページにあたる第十四部が電信室から書記官室に手渡された時刻を午後零時半と断定しているが、この時間は概ね電信室の係官が証言した時間と一致していた。

緊張感を欠く在米大使館員たちは、七日は日曜日とあって、遅刻して出勤する館員もいたという。九〇二号電の第十四部や手交時間を定めた九〇七号電の内容がはたしてどの時点で野村、来栖両大使に伝わったのかは定かではない。少なくとも午前中の段階では、まだ大使以下、誰一人迫り来る「真珠湾攻撃」の開始を知るものはいなかったものと思われる。

だが、午前中ののんびりムードは午後になって一変し、館内は一気に緊張に包まれてゆく。午後の在米大使館は非常事態となったのである。

教会の葬儀会場で

さて、ここで視点を移してみたい。

一九四一年十二月七日のまさにその日、ワシントンＤＣのバプティスト教会で、ある日本人の葬儀が行われていた。

葬儀の当事者は、陸軍主計大佐、新庄健吉――。

〈私とＫ君と大使館のＨ君は自動車を走らせてＳ大佐の葬儀場へ向った。（中略）

私達三人は、静かなる日曜日の午後のワシントンの町を走って上町《アップタウン》の電車通りに面した葬儀場に着いた。直ちに受付で名刺を差出して式場に入ると、薄暗いホールの正面に大きな花輪が数個飾られて、その中間に故人の肖像写真が掲げられていた。そしてその傍には大きな棺が安置されて、その上に大佐の肩章をつけた軍服と軍帽が置かれてあった。丁度、米国人の牧師が聖書の言葉を厳《おごそか》に読誦していた。列席者は米国陸軍を代表して、赤いズボンに黒い上着をつけた礼装の少佐と、大尉が二人、前列に座り、中央には軍装のわが陸軍駐在武官I少将と、補佐官のY少佐、I少佐が黙々と控えていた。その後方に大使館員と僅かな在留邦人が約十数名並んでいた。米人牧師の聖書の読誦が終わると、ニューヨークの仏教会の布教師（左頁の写真に写っている僧侶は東本願寺の派遣僧）が黒い背広の上から法衣を纏《まと》い、数珠を繰りながら経文を朗々と誦し始めた。満場粛然として故人の冥福を祈る光景は全く劇的なものであった（中略）。

会葬者の去った葬儀場には、未だ香煙が揺いで、S大佐の遺骸を納めた薔薇木《ローズウッド》の寝棺が寂しく安置されてあった。静かな午後の白い陽差しがガラス窓から射して、物音一つ聞こえなかった〉

これは、一九四一年当時、東京朝日新聞ニューヨーク特派員だった中野五郎が、戦中に書き残した『祖国に還へる』（新紀元社）の一節である。文中に出てくるS大佐とは、葬儀の当事者、新庄健吉のこと。中野は、新庄がニューヨーク在勤時代、親しくしていた

真珠湾攻撃の最中、行われた葬儀

民間人の一人だった。わざわざワシントンで行われた新庄の葬儀に駆けつけている。場所は日本大使館から車で十二、三分のところであった。

会場はキリスト教会であったが、葬儀の形式は仏式、キリスト教式の両様で行われた。その頃、ニューヨークに生活する在留邦人は二千人余り。大半は駐在員とその家族で、他に学生、個人商店主たちが若干名であった。二千人も生活していれば、それなりに葬式もあったろうし、それに春秋の彼岸供養などもあった。市内には、東本願寺をはじめ三宗派の布教所も置かれていた。

中野は出席した武官の名を新庄と同様に、「I少将、Y少佐、I少佐」とイニシャルで記している。そして、大使館関係者も同行したH以外はただ「大使館員」とのみ記述するに留めていた。とにかく米国駐在の武官から大使館員まで大勢が参列していたことがわかる。

ちなみに当時ワシントンには、大使館の他に陸軍、海軍が独自で駐在する武官府が置かれていた。陸軍武官府に在籍していた陸軍武官は磯田三郎少将で、武官補佐官としては矢野連少佐と石川秀江少佐の二人が詰めていた。

また、中野がHと記した人物を当時の大使館員名簿で照合してみると、該当する人物は理事官・星田弘、官補・本城文彦、電信官・堀内正名、書記生・堀博の四人であった。しかし、四人は中野とはあまり親しくなかったようで、中野と同行したとは考えづらい。特定はできないが、Hとは「情報」を担当していた官補の藤山楢一《ふじやまならいち》ではなかろうか。中野はワシントン取材でしばしば藤山とは会っており、懇意であった。

中野が残した文章からは、葬儀が終わった後も彼が会場に残っていたことが窺《うかが》える。また中野はさらに別の著書『続敵国アメリカ通信』（東洋社）で、式後の葬儀会場で真珠湾攻撃のニュースを聞いたことに触れている。

〈ユニオン駅よりＫ君（前掲書の『祖国に還へる』に出てくるＫ君と同一人物）と一緒に式場に赴き葬儀に参列したが、午後二時五十分ごろ突如『日本軍がパール・ハーバー及びマニラ爆撃中』といふ驚くべきラジオニュースを聴き、流石に愕然として胸の鼓動の止るのを覚えた〉

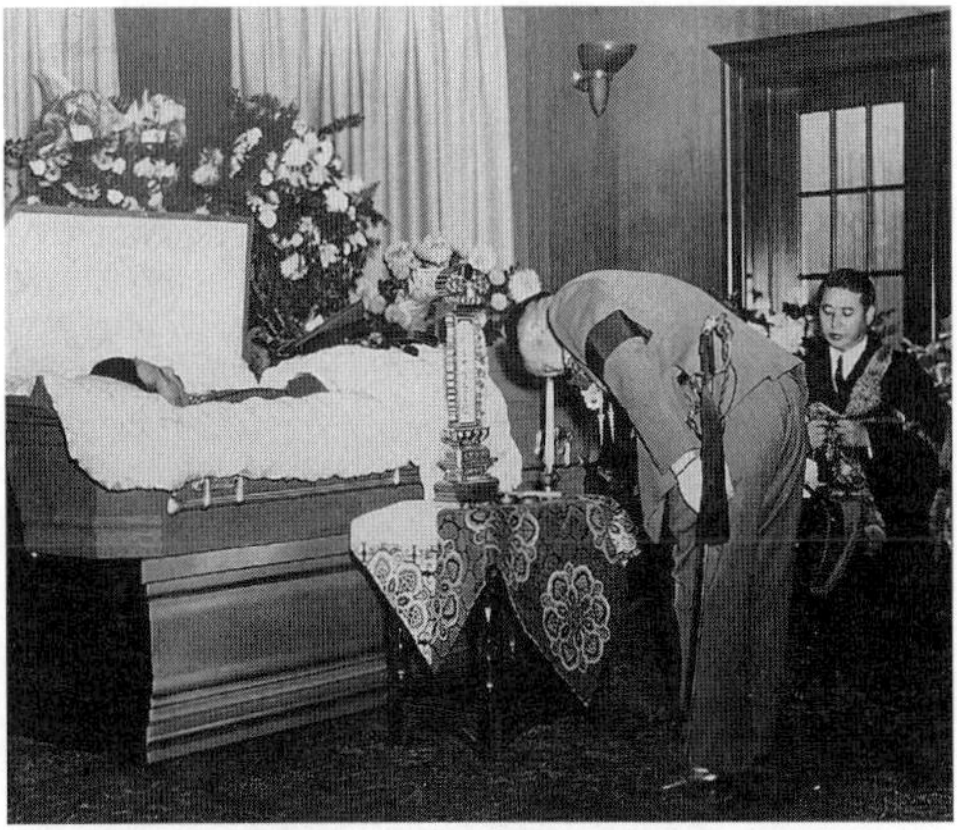
葬儀場には多くの大使館員、武官が

そして中野の著書には、他にも重要と思われる記述があった。十二月七日当日の天候のところで「午後の白い陽差しがガラス窓から射して……」と表現しているくだりである。確かに当日のワシントンＤＣは、午前中は曇天で陽が射しておらず、太陽が顔を出したのは午後からだった。

44歳で逝った新庄健吉

なぜ私がことさら天候にこだわるかといえば、葬儀が行われた時間に注目したかったからだ。新庄の葬儀が午前中に行なわれたという手記を、別に見つけたのである。その手記を残しているのは、中野と同行した「H」なる人物と私が推論した、官補の藤山楢一であった。

〈この日午前中、大使館近くで在ニューヨーク海軍事務所勤務の故新庄大佐の葬儀が行われた。武官室の人々は勿論、大使館からも八木（正男。総務担当三等書記官）、藤田両書記官（藤田なる書記官は在籍していない）をはじめとする人々が参列していた〉（『一青年外交官の太平洋戦争』新潮社）。

藤山は中野に同行して葬儀会場に出向いたと思われるのだが、なぜか「午前」としている。またことさらに同僚の名前を間違えたり、新庄の身分も海軍将校と誤記している。

何か意図があってのことと勘ぐれないこともないのだが。

いずれにしてもはっきりしていることは、真珠湾攻撃まで秒読み段階に入ったまさに非常事態としかいいようがない状況の中、陸軍主計大佐、新庄健吉の葬儀が、ワシントンＤＣのバプティスト派の教会で執り行われていたのである。

しかし、新庄健吉は軍人とはいっても、「軍の会計学」を学んだ経理畑の主計将校にすぎなかった。もちろん陸軍内では経済実務家として知られた人材であったが、なぜわざわざ風雲急を告げていた日米交渉の最中に新庄の葬儀が執り行われることになったのであろうか。そしてまたその葬儀には、多くの大使館員、武官も出席していたという。しかも真珠湾攻撃にかなり近い時間に執り行われていたようだ。それは、今一つはっきりしない開戦間際の日本大使館の動きと何か関わることではないのだろうか……。

謎を解く鍵は、京都府綾部市にある新庄の実家に保存されていた多くの資料の中に埋もれていた。

一等書記官の「記録」

京都府綾部市の新庄の実家には、小さい頃の日記から、写真、関連して書かれたもの、私家版の伝記に至るまで、新庄健吉に関するものが多く残されていた。その中で私が見つけたのは、あるちっぽけな冊子であった。

それは、「キリスト聖書塾」なる団体が信徒に向けて発行した機関誌『週刊原始福音』百七十七号という小冊子——。

『週刊原始福音』177号の表紙

その誌上に、開戦時、在米日本大使館で一等書記官を務めていた松平康東の「対談記録」が掲載されていた。そこで新庄健吉の葬儀の模様が語られていたのである。

クリスチャンの松平が、戦後になって、「キリスト聖書塾」の主宰者であった手《て》島《しま》郁《いく》郎《ろう》と対談したものであった。

〈手島　（新庄さんが）亡くなられたのは、日米開戦前の十一月四日だったそうですが。
松平　（中略）十一月に発病されて、入院なさったが、平和交渉も思わしく進まず、ついに開戦必至となった十二月の七日（日本時間では八日）に、大使館でキリスト教式の葬儀がありました。短時間の予定でしたが、司式するアメリカ人牧師が新庄大佐の高潔な人格を賛美して、長々と告別の辞を述べるので、気が気でならず、中止してもらいたい、と思うものの、それもできず、気があせるばかりでした。
というのは、その日の午后一時には「国交断絶のやむなきに至った」旨を野村大使に同行して、ハル国務長官に最後通告に行く予定になっていたからですが、行くにも行けない。それで、時刻を遅らして面会する以外にありません。アメリカ人の牧師は、新庄大佐が自作された美しい英詩を、次々と順次に朗読し、どんなに年令とともに精神的な成長をなさったかを、ノートを取り出して読みながら述べて、口を極めて遺徳を頌《ほ》めたたえられるのでした。
そのとき「ハワイの真珠湾を日本が攻撃中」の無電が入って来ました。でも、余りにも美しく感動的な説教が続くのが印象的でして、聴き入る上官たちに「葬儀の中止」を

松平康東氏（前国連大使）と語る
―田園調布の宝来山荘にて―

左から手島郁郎夫妻と松平康東（『週刊原始福音』177号より）

耳うちするのですが、黙って終るのを待っておられました。私は、和戦交渉の担当官として、あんなに気をもんだことはありませんでした。

　葬儀が終るや否や、野村、来栖の両大使は国務省にむけ、フルスピードで自動車を走らせ、ハル国務長官に面接して、日本の最後通牒を伝えたのでしたが、ハルが「無通告の奇襲攻撃」に激怒しましたのも当然ですが、実は事後通告となった舞台裏の事情は、アメリカ人牧師が長々と追悼の辞を述べたからなのでした。それほど、新庄大佐の作詩が深く、秀れたものだったからですが、これは知る人も少ない「日米外交の秘話」でしょう〉（『週刊原始福音』百七十七号）

この「対談記録」には、日米開戦当日の在米大使館内外で何があったのか、これまで全く表に出てくることがなかった動きが記されていた（松平が「大使館で」と語っているのは「大使館の主催で」というような意味だと思われる）。

中野五郎は著書『祖国に還へる』の中で、新庄の葬儀に出席した大使館員についてイニシャル以外には特定した書き方はしていなかった。官補の藤山もまた、「八木、藤田両書記官をはじめとする人々」と記すのみで、大使館からの参列者の全容は述べていない。ところが、松平の「対談記録」から出席者の全容が明らかとなったのである。

まず、松平康東本人が、新庄の葬儀に間違いなく出席していたことがはっきりと裏付けられた。当時、松平は「条約」担当という重要なポストであった。

さらに、何と野村吉三郎、来栖三郎の両大使も出席していたという。そして両大使は新庄の葬儀に出席していたために、開戦通知が遅延してしまったというのだ……。

明かされた「遅延」の真相

この松平康東と手島郁郎との対談は、一九六八（昭和四十三）年七月に手島邸で行われたものであった。松平は、戦後、外務省に復職し、国連大使、インド大使などを歴任した後、九四（平成六）年五月に没した。また、手島も七三（昭和四十八）年十二月に亡くなっている。もはや、この対談内容を当事者に確認する術はない。

それにしてもキリスト教徒だった松平が、戦後二十三年にして初めて語った最後通告の「遅延理由」は驚くべきものだった。

さらに、松平は交換船で帰国した後の四二（昭和十七）年九月、前総理の近衛文麿《このえふみまろ》と面談して、その席上、近衛に次のように語ったという。

〈この追辞の最中にそこに列席した野村、来栖両大使に宛てた本国政府からの訓電としてハル米国務長官に対し日本による対米宣戦布告を通告せよとの命令が到着し、本来なれば直ちにアメリカ側に通達すべきところ、牧師の悼辞があまりにも真に迫りアメリカ側からも多数の列席者があったにも拘らず、誰一人として退席者のない中を中座退席することができず遂に宣戦布告の通達を一時間余の遅延となったのです〉

この発言は、新庄の郷里である丹波地方の出版社が出した『新庄健吉伝』（昭和四十二年刊、著者は郷土史家の稲垣鶴一郎）に書かれたものである。

松平は生前、在米大使館時代の思い出を現代史家や評論家に語っているが、手島との対談で、自ら「日米外交の秘話」と明かした内容については一切口をつぐんでいた。

「定説」では、七日当日、野村、来栖両大使は国務省に出向くまで、通告文が浄書されるのを大使館内で今か今かと待っていたとされている。しかし松平は、両大使が新庄主計大佐の葬儀に出席し、「葬儀が終るや否や、野村、来栖の両大使は国務省にむけ、フルスピードで自動車を走らせ」たが、国務省訪問の時間に遅れてしまった、と語っているのである。しかも、近衛との面談での述懐を見ると、これまで暗号の解読や浄書に手間取った大使館員の不手際が開戦通告遅延の大きな理由とされてきたが、実は両大使が新庄の葬儀に出席した時には、すでに浄書された通告文が手元に置かれていたのではないかという可能性さえ浮かび上がってくるのだ。

本当だとすれば、昭和史の新発掘といっても過言ではないだろう。

私はこの対談資料が信用するにたるものかどうかを確認するために、発行元のキリスト聖書塾に照会してみることにした。

問い合わせに応じてくれたのは、現在の塾の責任者であるMという牧師だった。

「確かに百七十七号の機関誌は発行しています。ですが、この号は永久部外秘扱いになっていて、外部の方には一切閲覧を禁じているはずです。それが、どうして外部に、しかも一般の方の手に存在するのでしょうか……。門外不出の理由は、松平さんも手島さんもすでに故人になられており、対談内容について責任を持てないからです」

責任者Mは、中身の詳細についてまでは言及しなかったが、少なくとも対談が信用するにたるものであることだけは保証してくれたのであった。

戦後も封印された史実

松平の証言は、会場に誰がいて、どのようなことが行われていたのかは、具体的に説明しているものの、残念ながら時間の経過については全く触れられていなかった。

ここで今一度、野村大使の行動と葬儀が行われていた時間を検証する必要があろう。

葬儀の時間帯については、前述したように藤山楢一官補が、ごく簡単に「午前中」と記しているのに比べ、東京朝日新聞の中野は「午後」まで葬儀がかかったことを克明に書き込んでいる。しかも中野は文中、「午後の白い陽差しがガラス窓から射して」と書いていた。実際に当日の午前中は曇天で陽が射していなかったことが確認できている。

中野は、葬儀が終了した後、葬儀会場で、「真珠湾攻撃のラジオニュースを午後二時五十分ごろ聞いた」と記していることからも、葬儀は、昼近い時刻に始まり、少なくとも通告予定の午後一時を大きくオーバーするまで続いたと考えてよいのではないか。

「定説」によれば、通告文、全十四部のタイピングが終わったのは午後一時五十分頃で、野村、来栖両大使が大使館を出たのはその五分後。国務省に到着したのは同二時で、ハル国務長官と面会できたのは二時二十分であったといわれている。

しかし肝心の野村は戦後になって、回想録『米国に使して』（岩波書店、一九四六、昭和二十一年）を刊行しているが、国務省訪問が遅れた理由については次のようにしか触れていない。

〈暗号の解読及びタイプライチング等々間に合はずして午後二時国務省に着し、暫《しばら》く待合はして午後二時二十分、国務長官室に入つた〉

大使館を出発した時間は明確にしておらず、国務省への到着時間だけしか記していないのである。

「定説」は、あくまで関係者の証言と外務省資料が基本になっており、これまで正しいとされてきた。しかし、野村、来栖両大使が葬儀会場である教会から国務省に直行したのであれば、これまで全く疑われることのなかったタイピングの完了時間についても大きな疑義が生じることになる。

いや、それどころか通告文の解読の遅れ、そしてそれを浄書するタイピングの遅れが開戦通告の遅延を招いたとするこれまでの「定説」全体が崩れる。

海軍の武官府に勤務していた前出の実松譲武官補佐官は開戦当日の大使館の様子を書き残しているが、葬儀には出席していなかった。また、陸軍武官の磯田三郎少将と補佐官の矢野連少佐、石川秀江少佐の三人は葬儀に出席していたと思われるが、この三人による葬儀に関する記録を、私は今日まで目にしたことはない。

ここで一つ指摘しておきたいことがある。それは、通告文遅延の本当の理由が、「両大使が新庄健吉の葬儀に出席したため」であるのならば、大使以下三十四人の館員および武官府の関係者は、なぜ松平康東を除いて口を閉ざしてきたのかということである（もっとも松平も公の場では口外はしなかったわけだが）。

新庄主計大佐の葬儀が、開戦当日に行われたことを知っていたのは、三人の陸軍関係者と二人の海軍関係者。そして大使館関係者六人の計十一人であった。この数は当時の大使館員の実に約三分の一に当たる。野村大使以下、何人かの関係者が戦後になって「在米大使館時代の記憶」を回顧録に綴ったり、手記に残したりしているが、新庄の葬儀に関してはごく一部の例を除いていずれも触れていない。これまた不思議な話だ。

ワシントンDCを訪ねて

松平が語っていたことは本当なのかどうか。真実の全てを知りたい、その一心から私は米国ワシントンＤＣに飛んでいた。二〇〇三（平成十五）年十月のことである。

在米日本大使館から約三・八キロ。目指す教会は、アップタウンに位置する北西地区にあった。このエリアを東西に貫くマサチューセッツ通りは、四十数カ国の大使館、公使館が立ち並ぶため、通称「エンバシーロウ」とも呼ばれている。

「エンバシーロウ」と交差するサード・ストリートを北に二十メートルほど行った左側に、その二階建て（正面は三階建てに見える）石造りのバプティスト教会は建っていた。教

マサチューセッツ通り付近にあった教会

会の石壁には「一八九四」と、創立年を意味する数字が彫られている。周辺は、今日では黒人市民が多数住む住宅地で、空き地がやけに目立つ。

新庄家でかりた六十二年前に撮られた葬儀会場の写真と、当日の葬儀の様子を描いた本だけを頼りに、市内地図を入手してユニオン駅に近い北西地区にある教会をピックアップしていった。その数、七つ。一つ一つ、教会を虱潰《しらみつぶ》しに当たった。午前中から始めた教会捜しは午後になって五カ所目を数えていた。

その石造りの二階建て教会を一目見た瞬間から、何か感じるものがあった。日本から持参した写真の風景とどこか似ている。念のために市内地図でトレースしてみた。国務省を起点として右回りに大使館まで約二・四キロ、大使館と教会の間は約三・八キロ、教会から国務省は約三キロ。その位置関係は簡単にいえば、国務省を頂点とする逆三角形となっていた。

早速、教会を訪ねてみると、四十代と思しき白人男性が応対に出てくれた。J・E・テレル・パスターさん、現在、この教会を管理しているラテン系の牧師であった。突然の日本からの訪問者にもかかわらず、快く礼拝堂に招き入れてくれた。

「オフィサー・シンジョー？　さぁ知りませんねぇ。でも確かに先代の牧師に聞いたことがありますよ。あのパール・ハーバーの日に、日本の軍人の葬儀がここで行なわれたということを……」

内心、小躍りして喜んだ。思わず、私は次々と牧師に質問を発していた。しかし、牧師の記憶もそこまでであった。

「残念ながら、葬儀が行われたということ以外、私は何もわからないのですよ。もうずいぶん時が経ってしまったことですから……」

今を去ること六十二年前、日米開戦のまさにその日、いったいここでどんな葬儀が行われていたのか。一人、礼拝堂で思いを巡らすしかなかった。

第二章　なぜ葬儀は隠されたのか?

「若松会」は知っていた

太平洋戦争開戦時の外務省の大失態、いわゆる「開戦通告文手交の遅延」に関して新たな事実を示唆する新史料を発見したこれまでの経緯を、私は月刊誌『文藝春秋』二〇〇三年十二月号で発表することにした。そして、その雑誌の発売当日の朝のことであった。編集部に読者から一本の問い合わせ電話が入ったのである。

「今、電車の中吊り広告で『真珠湾「騙し討ち」の新事実』という見出しを見たのですが、副題に『その時、大使は教会にいた』と記されているのが気になって、つい電話してしまいました。もしや亡くなられた新庄さんについてのことではないのですか……」

聞くと、この方はまだ記事を読んでいないという。中吊り広告のキャッチコピーだけで、野村吉三郎大使と開戦の日の新庄主計大佐の葬儀のつながりを察知したのだそうだ。編集部の人間が気をきかせ、名を問うと、きちんと名を名乗ったうえで、「自分は元経理将校で若松会の会員である」と、自分の経歴も明かしたのだとか。さらに、「自分より野村大使と新庄主計大佐の関係を詳しく知る者がいるから」といって、ある人物を紹介してくれたのだそうだ。

私は早速、その紹介された人物に会ってみることにした。

彼の名は明知芳隆《あけちよしたか》、連絡を入れ、会う約束を取り付けた。明知は今年八十歳になるというが、言葉も明瞭で矍鑠《かくしゃく》としていた。

「K君（電話をくれた人物）から月刊誌の記事の件、聞きました。新庄さんのことをお知りになりたいのだとか……」

明知に、私は単刀直入に疑問をぶつけてみた。

――なぜ、あなたやKさんは、野村大使と新庄大佐の葬儀のつながりを知っていたのですか。

「簡単なことですよ。K君も私も、陸軍経理学校出身で新庄大佐の後輩です。我々の間では諸先輩から語り継がれてきたことなのです。もっとも私は後期の陸経六期で、新庄さんよりだいぶ後輩に当たりますが……」

——Kさんは「若松会」を名乗っていましたが、それはどんな会なのですか。

「陸経卒業生の同窓会、いわゆる戦友会ですね。建学の地が牛込の若松町なのでその地名を戦友会の名称にしたんです。新庄大佐の葬儀が開戦の当日、ワシントンの教会で行なわれ、葬儀に野村大使が出席していたことは諸先輩から、明らかなこととして聞かされていました。野村大使が葬儀に出席したために開戦の通告文の手交が遅れたという事実は、若松会の一部の先輩将校は知っておったんですよ」

紛れもなく、松平の対談記録を裏付けてくれる証言だった。

そして明知氏は続けた。

「ただし、野村さんの名誉にも関わることなので、若松会以外の部外者に話したことは一度もありません。みな、あえて口外することはなく、我々の中だけでの暗黙の了解となっているんです。新庄大佐が米国で亡くなり、開戦の日、ワシントンで葬儀があったことは陸経の公文書ともいうべき『陸軍主計団記事』にも掲載されています」

ようやく解明の糸口を見出せた気がした。早速、私は『陸軍主計団記事』の原本が所蔵されている陸上自衛隊業務学校の資料館を訪れてみた。

果たして明知氏のいう通り、『陸軍主計団記事』には、こう書かれてあった。

〈大使館員一同凡有手段を尽し看病に努めたるも、十二月四日午後三時五分遂《つい》にGeorgetown 病院に於《おい》て死去せられたり。

御病気は右胸膜の尖端並に右胸葉上部に膿《うみ》の溜《たま》るものなりしが如く平素心身共に極めて頑健なりしを以て異境の地に於て急逝せらるるが如《ごと》きは全く夢想だにせざりし所なり。（中略）

御葬儀は華府《ワシントン》に於て十二月七日執行せられ、東京に於ても十二月二十二日芝の青松寺に於て営まれたり〉（『陸軍主計団記事』昭和十七年二月号）

明知氏はまた、戦後になって若松会が発行する会誌の『若松』に、新庄主計大佐に関する逸話が創刊号からランダムに四回、掲載されていたことも教えてくれた。その中の一つには、野村大使が新庄主計大佐の葬儀に出席していたことを明確に示す内容の記事があった。

丙種学生七期の柴田隆一が寄稿した「対米最後通牒の遅延」と題する文章である。

〈葬儀は約一時間の予定を超過してしまった。気が気ではないので、参列していた野村大使と来栖大使は葬儀が終わるのを待ちかねたように自動車を飛ばして、急遽《きゅうきょ》国務省に赴き、ハル長官に最後通牒を手交した。しかし、時すでに真珠湾攻撃より遅れること一時間半であった〉

もちろん柴田本人が葬儀に出席していたわけではない。柴田はおそらく明知氏が語るように諸先輩から、野村大使が新庄大佐の葬儀に出席したことを聞いていたに違いない。柴田の例に限らず、「若松会」の中では野村大使が新庄大佐の葬儀に出席し、そのために開戦の通告遅れを招いたことは、やはり周知の事実だったのだ。

「外務省を侮辱する言説」

それから程なくして、私は幸運にも、新庄の葬儀に出席したある人物に接することができたのであった。当時、在米日本大使館の三等書記官で戦後はインドネシア大使を務めた八木正男氏、唯一の生き証人といっていい存在である。

九十歳の八木氏は、六十二年前の記憶を俄かにこう語ってくれた。

「新庄さんの葬儀の時のことですか……、会場に着き、着席するや、私は周りをきょろきょろ見回したのを覚えていますよ。日本人はいったい誰が着席しているのか知ろうとしたんです。何せ危急の時のことでしたからね。

何人かの武官の姿を確認できました。でも、大使館員の姿は、私以外は見当たりませんでした。野村、来栖の両大使はもちろん、一等書記官だった松平さんの姿も見ていません」

八木氏の話は、私がこれまで調べてきたこととは真っ向から反するものであった。しかも松平に至っては姿も見ていないという。

そこで私は、あえて彼に、通告の遅れの原因を野村大使の葬儀への出席とする松平証言を提示してみた。すると八木氏の語気が一気に荒くなり、強く否定した。

「なぜ松平さんは、葬儀が終わらないから両大使が国務省へ行くのが遅れたなどと、そんなありもしないことを話したのでしょう。どうして外務省の人間が外務省を侮辱するような話をしたのか、私にはとうてい理解できません……」

松平の証言をまるで根も葉もない流言飛語《りゅうげんひご》だと決め付けるかのように、強い口ぶりだった。

それにしても、唯一の生き証人である八木氏に、野村、来栖両大使が新庄の葬儀に出席していたことを完全に否定されてしまったわけである。

食い違う松平の談話と八木氏の証言……。

だがどうしても私には、松平の談話の方が、戦後二十三年目にして初めて語った真実に思えてならないのだ。

戦後、国連大使やインド大使などを歴任し、外務省を退官した後の松平が、今さら実際に見聞してもいないことをデッチ上げて証言するとはとても思えない。しかも、対談した相手は尊敬する手島郁郎であった。宗教の信徒同士が機関誌に掲載する対談の席で、何のために架空の話をする必要があるだろう。

何か、野村、来栖両大使が新庄の葬儀に行ったことを隠そうとする向きがあるように感じられてならない。

そして、湧き上がってくるもう一つの疑問。野村大使が国務省に行くのが遅れてしまった、本当の理由は何だったのか。

大使館員のシフトの不徹底、暗号解読の不手際、浄書タイピングの遅れ、そして大使自身の新庄主計大佐の葬儀への出席……。確かにいずれを取ってみても、大失態であることは疑いようがないだろう。でも、どこか私には腑に落ちない。

しかし、もしこれらの「失態」が実は表層的なものにすぎず、本当の遅延理由が別にあったと考えたらどうであろうか――。

東条のトリック

ここに一つの資料がある。それを元に、私はある推論を展開してみたいと思う。

開戦前日の十二月七日夜、時の首相、東条英機は、総理官邸に星野直樹内閣書記官長と森山鋭一法制局長官、さらに、堀江季雄《すえお》枢密院書記官長の三人を招集して対米英戦の宣戦布告について話し合っていた。

これは、出席者の一人、堀江書記官長の属官として会議に同席していた諸橋襄《もろはしのぼる》書記官に生前おこなったインタビューの速記録である。月刊『文藝春秋』の記事を書く取材の過程で入手した貴重な生資料であった。

〈ちょうど昭和十六年の十二月七日の晩でした。内閣書記官長から、重要なことを審議しなくちゃいけないからすぐ来てくれないかと、晩の七時ぐらいに電話があったんです。東条総理大臣、星野書記官長、それから法制局長官の森山さんの三人がいろいろな話をしていまして、八日の午前零時に各方面に出動するというんです。それで、成功したらいよいよ宣戦布告をしようと思うんだ、と総理はいうわけです。

私どもは、午前零時に出動しておいて、それで勝ったら宣戦布告をするというのはおかしいのじゃないかといいました。そうしたら森山さんが、各方面での戦闘行為は統帥権のサイド、そして宣戦布告は国務権のサイドの問題だから、宣戦布告が戦闘行為の後になっても憲法上の問題はない、と述べた。

それを受けて東条さんは、「戦争というものは、道場で剣道をやるように敬礼し合って向かい合ってやるなんてことでは勝てるものではない。昔から夜討ち朝駆けというように、敵の隙を見てやらなければ勝てるものではない」とおっしゃったのです〉
速記録から一部を要約し、引用した。

要するに、宣戦布告の通告は、戦闘行為が始まった後で行なえばいい、否むしろ「夜討ち朝駆け」という兵法の理に則れば、後でなければならない、東条はそのようにいいたかったのであろう。

一九〇七（明治四十）年、オランダ、ハーグで国際紛争に関する様々な条約が締結された。その中の第三条約に「開戦に関する条約」というものがあり、国際間における戦争は「明瞭かつ事前の通告」が必要とされた。条約ができて四年後の一九一一（明治四十四）年、日本もこの条約を批准《ひじゅん》している。宣戦布告なしの戦闘は国際法違反を意味した。

実は東条は、それ以前から対米開戦通告文の国務省への手交を遅らせることを、考えていたと見られている。「日本は自衛のために戦う他ない」と理由付けし、初めから宣戦布告などせずに開戦に踏み切ろうと腹を決めていたのだ。現に十二月一日の御前会議でいったん宣戦布告をしないことを前提とした開戦決定がなされている。

しかし、その直後のこと、東条は天皇に呼びつけられた。そこで直々に「最後まで手続きに沿って進めるように、宣戦布告は開戦前にすること」と強く窘《たしな》められることになる。

「最後通牒の手交について陛下が私に注意を与えられた最初の時は、昭和十六年十二月一日のことでありました。……陛下はそのことをずっと懸念しておられた。そういうことが起こらないよう気をつけるよう私にいわれた」

後に、東京裁判の前に行われた検事団の聴取に対して、東条はこう証言している。

さて、勅命を受けた東条は急遽、宣戦布告するよう方針を転換せざるをえなかった。事実、それを受けて外務省は、十四部の九〇二号電はじめ手交の時間まで指定した九〇七号電を緊急発信し、時間ギリギリまで宣戦布告の努力をしたわけである。

ところが、先の諸橋が語った証言は十二月七日夜の総理官邸での一場面であった。東条が天皇に「宣戦布告を開戦前にすること」と言い含められた後のやりとりということになる。

こうは考えられないだろうか。つまり東条は、表向きは宣戦布告をする振りをしていたが、あえて天皇の意向を無視して、決めていた腹の不意討ちを食らわそうとしていたと……。

とすれば、開戦のまさにその時、野村大使が新庄主計大佐の葬儀に出席するため教会にいたという信じられないような大失態にも説明がつく。新庄の葬儀は通告文遅延のアリバイ作りとしては、千載一遇の好機だった。「野村大使も東条の語ったとされる〝夜討ち朝駆け〟を事前に承知していて、国務省訪問が遅れた理由付けのために新庄の葬儀を利用した」のではないか――。

そういう推論も成り立ちうるのである。

それを裏付けると考えられる史実もある。

戦後、昭和天皇とダグラス・マッカーサーGHQ最高司令官は計十一回、通訳以外余人を交えず、二人だけで会見していた。第一回目の会見は、終戦の年の九月二十七日午前十時、天皇自らが虎ノ門の米国大使館へ赴き、行なわれた。

ちなみに通訳は「通告文の浄書をタイピング」した奥村勝蔵であった。彼は戦後、外務省に復職して参事官のポストに就いていた。そして、この両者の会見内容は「奥村メモ」として、二〇〇二年十月に外務省と宮内庁から公表されている。

しかし、私は奥村メモに書き留められなかったあるエピソードに注目したい。それは、両者が会見した一カ月後に、当時米国務省からGHQの政治顧問部（POLAD）に派遣されていた対日理事会の米代表ジョージ・アチソンが、国務省に報告した「マッカーサーから聞いた昭和天皇の発言」からのものである。

〈天皇は握手が終ると、開戦通告の前に真珠湾を攻撃したのは、まったく自分の意図ではなく、東条のトリックにかけられたからである〉と語った（『裕仁天皇五つの決断』秦郁彦、講談社）。

昭和天皇は、開戦通告の前に真珠湾を攻撃したのは、自分の意思ではなく、東条のトリックにかけられたからだと、マッカーサーに語ったというのだ。

「東条のトリック」とは何だったのか。著者の秦氏はこの昭和天皇の発言について、後段で「天皇の思いちがい」と補足解説している。だが、はたしてそうだろうか。諸橋が東条から聞いたという「夜討ち朝駆け論」を昭和天皇が案じていたからこそ、マッカーサーとの会見の席上、思わず話してしまったとも考えられないだろうか。

だがこの推論を進めていくと、一つの大きな矛盾に突き当たってしまう。それは、新庄の葬儀がなぜ「隠されて」きたか、という問題である。

東条自身は東京裁判での証言を含め、新庄の葬儀に関しては一切言及していない。東条がギリギリで「不意討ち」を決断し、新庄の葬儀を「アリバイ作り」として利用したいと考えたのであれば、もっと積極的に言及してもおかしくない。野村、来栖両大使や外務省にしても、同じことがいえる。葬儀という突発事態なのだから、宣戦布告の遅延は不可抗力であったと、もっと喧伝してもいいのではないか。

確かに、開戦通告文を手交する大事な日に、大使がのこのこ葬儀に出るなど、危機管理意識の欠如と謗《そし》られてもしかたがない。それ自体も不手際であるし、おおっぴらに「アリバイ」として使うわけにはいかなかった、ということなのかもしれない。しかしそれでも「事務作業の不手際」よりは、はるかにましだと私には思えるのだが……。

もう一つの推論

だとすれば、新庄の葬儀を隠さなければならない何か別の理由があった、と考えてみてはどうだろうか。

あくまで推論の一つである、と断った上で、私はさらに大胆な仮説に踏み込んでみたい。それは、新庄の葬儀を利用したのはむしろ米国の側だったのではないか、というものである。じつは、新庄の葬儀の背後に米国の関与を疑うと、不思議に辻褄が合ってくるのだ。

周知のように、すでにこの頃、米国では日本の暗号電を解読していたことが、米国公文書館の資料などから明らかになっている。開戦通告文の「九〇二号電」から手交の時刻を指示した「九〇七号電」まで全て筒抜けだった。ルーズベルト大統領は、野村大使がどのような内容の通告文をいつ持ってくるか、先刻承知していたのである。

ヨーロッパで戦火が広がる中、米国の国際的な体裁は、民主主義の国、平和愛好の国で通っていた。自国民に向けても、正義を貫く大義名分が必要であったろう。そのためには、あえて日本に先制攻撃をさせ、悪者になってもらわなければならなかった。しかもそれが、「宣戦布告なき先制攻撃」であれば、こんな好都合なことはない。日本が「トレチャラス・アタック」（卑怯な騙し討ち）を仕掛けてきたと見せるために、宣戦布告を意図的に遅らせることはできないか……。

そう考えた米国が、新庄の葬儀を巧妙に利用した、とは考えられないだろうか。

新庄家で見つけた資料『新庄健吉伝』の中で、葬儀場に両大使と居合わせた松平康東はこう語っていた。「本来なれば直ちにアメリカ側に通達すべきところ、牧師の悼辞があまりにも真に迫り（中略）誰一人として退席者のない中を中座退席することができず」と。

もちろん、葬儀自体は日本側が設定したものではあろう。しかし、教会関係者に言い含めておけば、牧師の悼辞や式次第を長引かせることは、いくらでもできたはずである。つまり米国は、宣戦布告文を手交してくるだろう時刻に合わせ、意図的に式を長引かせて両大使を教会に釘付けにしておいたのではないか……。

東条が野村と来栖に通告遅延を画策するよう指示していたのではなく、二人がまんまと米国の仕掛けにはまってしまったのである。

そうであれば、両大使の出席は、明らかに外交上の失態、外交戦略上の敗北、ということになる。これは外務省にとっては、本質的な責任問題になりかねない。だから、新庄の葬儀そのものを隠し、遅延の理由を「大使館の事務手続き上の不手際」という〝ケアレスミス〟にすり替えたのではないか。

戦後、「米国の仕掛け」をいくら言ったところで、しょせんは負け犬の遠吠えでしかない。また、戦後の日米関係を考慮すれば、あえてそこで波風を立てる必要はない。だからこそ、外務省も両大使も、すべてを察した上で、だんまりを決め込んだのではないか。

そう推論すれば、戦後、当時の関係者たちが一切、口を閉ざしてしまったことにも納得がいく。事実を突きつけられた八木氏が、つい「外務省を侮辱するのか」と発言してしまったことも理解できるのである。

そして私は今一つ、ある資料を提示してみたい。肝心の野村大使が新庄の葬儀について唯一、書き残した一文を発見したのだ。

〈十二月七日、我が政府の回答をワシントン時午後一時を以て先方に手交すべき旨の訓令に接したが、当日はたま〳〵新庄大佐の葬儀が行なわれており、且暗号の解読とタイプライティングにタイピスト使用禁止等々のことから間に合わず、午後二時国務省に着し、暫く待合わして午後二時二十分国務長官室に入つた（中略）国務省より帰邸後ハワイ奇襲の報に接した〉（『サロン臨時増刊号』「日米交渉の真相」銀座出版社）

この記事が雑誌に掲載されたのは、戦後四年目の一九四九（昭和二十四）年であった。

前述したように、野村は四六（昭和二十一）年に出版した回想録『米国に使して』では新庄の葬儀に一切触れていないし、四七（昭和二十二）年には読売新聞に回想録の続編を寄稿しているが、ここでもまったく言及していないのである。

ここで、野村がこれらの文章を書いた当時の時代背景を説明しておく必要があろう。四六、四七年といえば、まさに東京裁判が進行中の時期であった。判決は、翌四八年の十一月になされている。野村が『サロン臨時増刊号』に寄稿したのは、東京裁判の判決が下った後のことなのである。野村が、その時期になって初めて新庄のことを書いたのは、裁判へのさまざまな影響を恐れたからではないか。結果的に野村吉三郎は戦犯に指名されることはなかった。

終戦翌年の四六年に、吉田茂外相の命で当時の岡崎勝男総務局長が委員長になって調査委員会が組織された。しかし、肝心の野村への調査は行なわれていない。もし、吉田を筆頭とする外務省の上層部が、開戦当日の野村の動きについて、その本当の理由も含めて万事了承し、隠蔽しようとしていたと考えたら、この対応にも合点が行く。

私の仮説は現段階ではあくまで推論でしかない。だが、通告文遅延の真の理由全てが、史実として解明されているとはとても言い難いのもまた確かなのである。

戦後、外務省が隠蔽したこと

一九九四（平成六）年十一月、日米開戦以来、五十三年目にして外務省は初めて「通告文遅延」責任が外務省にあることを公式に認め、国民に謝罪した。

〈当時の外務省の事務処理上の不手際により、対米交渉打ち切りに関する対米覚書の伝達が遅延したことは、事実であり、そのような事態が生じたことについては、極めて遺憾なことであり、申し開きの余地のないものと考えている。

外務省としては、国家の重大な局面にこのような遺憾な事態を生じたことにつき、従来より、このようなことを二度と繰り返してはならない重大な教訓として受けとめ、執務体制等の改善を心掛けているところである〉

外務省は、ここで開戦通告の遅延理由を「事務処理上の不手際」と結論づけている。だが、今回、松平証言の発掘と野村元駐米大使の述懐によって判明した事実は、開戦通告の遅延が必ずしも「事務処理上の不手際」だけによって引き起こされたのではないことを示していた。

開戦通告の遅延は、「真珠湾攻撃」を「卑怯な騙し討ち」と決定づけられてしまった日本外交史上、最大の汚点であった。にもかかわらず、外務省はその事実関係を真摯に調査しなかった。

外務省は、先の調査報告で過去に調査した人物の名を列挙している。しかし不可解なことに、その被調査人の中に肝心の野村、来栖、松平の名はなかった。

午後一時までに最後通牒を国務省に届けなければならない立場にありながら、新庄の葬儀に出席した両大使。それがため国家の命運を懸けた開戦の通告が大幅に遅れるという常識では考えられない大失態。この事実を外務省は本当に知らなかったのか。知っていたからこそ真相を封印するために、当事者である野村や来栖、そして同じく葬儀に出席していた松平の調査を行わなかったのではないのか。

新庄健吉陸軍主計大佐。この人物こそ、戦後五十八年を経ても未だに解決がついていない「通告文遅延の謎」を解き明かすキーパーソンであった。

第三章　陸軍主計大佐・新庄健吉

歴史の運命に巻き込まれた、新庄健吉。この男の生涯はわずか四十四年で終わっている。はたしてどんな生き方をしてきた人物なのか。

私が新庄健吉という軍人に関心を持ったのは、前述したように陸軍の「特務機関ヤマ」について調べている時のことであった。彼が米国でいわば「数字のスパイ」ともいえる、一風変わった軍務に就いていたからである。そして、なぜ封印された日米開戦の謎にかかわるまでに至ったのか。

ここからは、足跡に沿って、その人物像に迫っていくことにしてみよう。

若かりしエリート主計将校

私が京都府綾部市にある彼の実家を訪ねたのは、二〇〇三（平成十五）年春のことであった。陸軍経理学校の同窓会名簿を元に、卒業生をたどっていき、ようやく捜し当てた新庄健吉の実家だった。

保存されている資料の閲覧に立ち会ってくれたのは、健吉の親族にあたる新庄孝夫氏であった。

「健吉さんは大叔父に当たる人ですが、新庄家からあのような軍人が出たことを、親族は今でも誇りにしています。中学時代は隣町の福知山まで片道十キロを草鞋《わらじ》ばきで通学していたそうです。陸軍将校となり、アメリカに行っていた時代は軍部を批判する言辞があったとか……。うちのおやじなど戦時中はだいぶ、健吉さんのことを気にしていたようです」

孝夫氏は残された資料の中から新庄の経歴を綴《つづ》った冊子、私家版『新庄健吉追憶記』も取り出して、見せてくれた。若かりし新庄の経歴を知ることのできる貴重な資料であった。

この『新庄健吉追憶記』を基に、軍部の経済官僚として成長していくまでの、新庄健吉の履歴を見ていくことにする。

一八九七（明治三十）年九月三十日、京都府何鹿郡《いかるがぐん》中筋村《なかすじむら》（現在の綾部市上延町《うわのぶちょう》　新庄）で、五人兄弟の三男として出生する。父は竹蔵、母はチヨ。家業は農業であった。

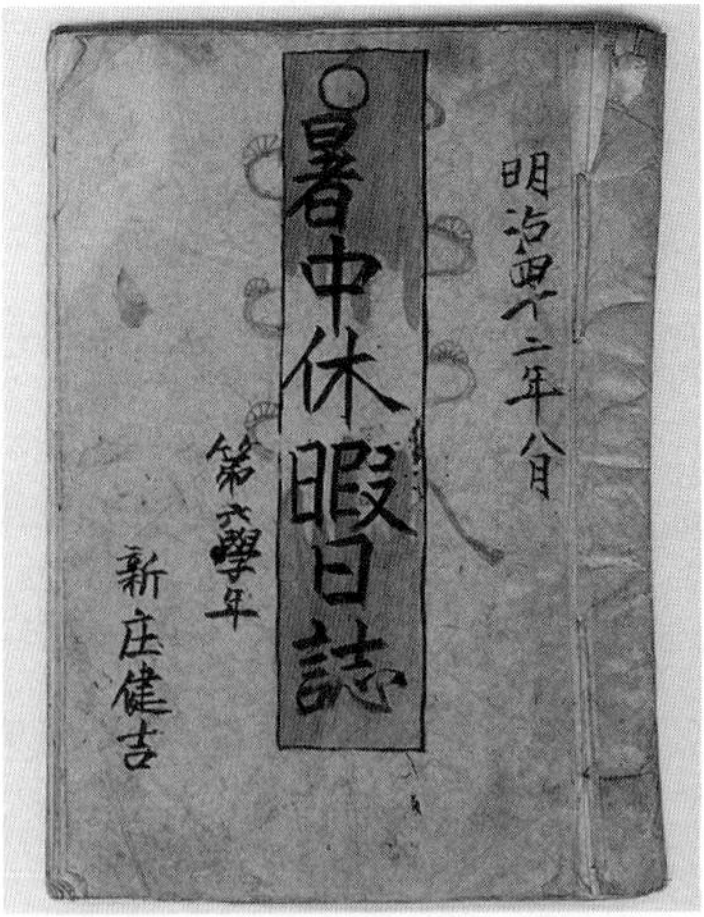

小学６年の時の「暑中休暇日誌」

中筋小学校を経て府立第三中学校（現在の府立福知山高校）を卒業している。

資料の中に、中筋小学校六年生の時に書いたという和紙に筆字でしたためられた「暑中休暇日誌」なるものも残されていた。夏休みの日記である。

〈明治四十二年八月三日・火曜日　晴天
正午気温九十二度（九十二度は華氏）
朝ハ五時三十分ニ起キテ草ヲ二個カリ

テムシロヲ洗ヒ日誌ヲ書キ宿題ヲナシ又草ヲ一個カリテ勅語ヲ読ミ本ヲ読ミ牛ヲ引飼シテ夜ハ九時五分ニ寝ル〉

健吉の日課は判で押したように、日々、草刈りと掃除と宿題と勅語を読むこと。起床は毎朝、決まって午前五時から三十分の間。それが一日も欠かさず記されていた。几帳面な性格が読み取れる。

一九一五（大正四）年十二月に、主計候補生。そして一八（大正七）年五月、主計候補十二期生として卒業する。十二月、三等主計に任官している。三等主計とは、主計将校の少尉のこと。この選択をもって、プロの主計軍人としての道を歩むこととなった。経理将校を選んだ理由を問われ、新庄は「官費」で衣食住が保証され、勉強できることに魅力を感じていたからと述べている。

二〇（大正九）年七月、最初の外国勤務でシベリアに出征している。

第一次世界大戦の後始末でシベリアに出兵した第十一師団の経理部三等主計として派遣された。その時、現地で新庄はボルシェビキによるロシア革命の成功を目の当たりにしている。そしてその革命のエネルギーがマルクス主義にあることにも着目した。

復員後の二三（大正十二）年四月に実家の隣町福知山市出身の上原喜美野（後年、範子に改名）と結婚。同時に陸軍経理学校高等科（兵科将校が進む陸軍大学校に相当）に入学している。そして卒業は、恩賜《おんし》の銀時計組であった。当時、陸大の首席は恩賜の軍刀組と呼ばれたのに対して、文官の学校を上位で卒業すると、恩賜の銀時計組と呼ばれたのだった。

また高等科を首席で卒業すると天皇の前で御前講演をするのが習わしになっており、新庄は天皇の名代として学校に臨行された久邇宮邦彦王《くにのみやくによしおう》殿下の前で「将来戦に於ける野戦給養に就て」と題した講演も行っている。

一九二五（大正十四）年五月、陸軍派遣学生として東京帝大経済学部商業科に入学する。在学中に一等主計に進級した。続いてマスターコースを卒えたのが三〇（昭和五）年三月。その後、糧秣本廠《りょうまつほんしょう》、被服本廠《ひふくほんしょう》などに勤務した後、陸軍省経理局主計課で予算を担当する。

三等主計正（少佐）に進級したのは、陸軍省経理局勤務時代であった。主計将校として本道を歩むのは、この陸軍省時代からであった。

在ポーランド公使館にて（新庄は中央よりやや左、軍服姿）

「軍隊の経済学」を学んだ後、三五（昭和十）年十一月に軍事研究員として再びソ連邦に派遣されている。そこで一年一カ月滞在した。

このソ連邦滞在中に、新庄はマルクス主義に基づく「計画経済」にいたく関心を持ち、帰国後、熱心に研究している。おそらく新庄は、そこで国家経済のグランドデザインがいかに大事かを身にしみて感じたようだ。

その後も、新庄はよく海外派遣をさせられている。ドイツ、英国、フランスに出張したのが三六（昭和十一）年十月からで、そのままヨーロッパ各地を巡り、翌、新年はワルシャワで迎えていた。

国家経済をグランドデザインする

そして帰国後の企画院調査官時代、主計軍人として海外で得た知識がいかんなく生かされることとなる。

企画院は内閣直属で、企画庁と資源局が統合されて発足した官庁である。しかし、戦時経済を舵取りすることから、いわば経済の「参謀本部」的な役割を担っており、軍人色の強いところであった。新庄の他に陸軍からは、経済に強い少壮軍人であった三島美貞、貞山寛二らが、同じく海軍からは岸美章などが出仕させられていた。

新庄が熱心に取り組んだのは、物資動員計画や生産力拡充計画であった。それは、ソ連邦に軍事研究員として派遣された時代、触発された「計画経済」に関心を持ったことが基にあった。またヨーロッパ各国を巡り歩き、国家としていかに設計図を作り、経済力をつけていくか、その重要性を熟知していた。新庄は、計画経済を日本的な戦時経済にグランドデザインする構想を、その時、思い巡らしていたのだ。

陸上自衛隊業務学校の資料館を訪れた際、私は新庄が中佐時代に書いた「ソ聯邦の社会組織と民衆生活」と題する論文が掲載された『陸軍主計団記事』通巻三百四十四号も見つけていた。また、雑誌『現代』昭和十四年五月号（大日本雄弁会講談社刊）には、新庄が名を連ねる「ロシヤを語る座談会」なる記事が掲載されていた。そこでの発言は、新庄の対ソ観、計画経済への考え方がよくわかり、実に興味深い。

＜記者　新庄さん、ロシヤに対日戦意ありや？といふことについて一つ……

新庄　それがなくてどうする。

記者　例へばどんな風なことでせう。

新庄　鉄道や潜水艦などいろ〳〵やつてゐる。丁度《ちょうど》戦争中です。昔の戦争は両交戦国から軍隊を進めて両軍が接近して行つてドンドン戦争が始まる、それが戦争であつたが、今の戦争は時間的に双方が国力をグングン上げて行く、何かの関係で双方の力の均整が破れた時にぐーツと行く。だから戦争目的を以て相手国を対象として国力を充実するときはもうそれは戦争である。昔は両交戦国の軍隊の距離が近くなるのが戦争であつたが、今の戦争は時間的に国力の充実が始まる、即双方睨み合ひの状態で国力を戦争目的の為めに充実する情勢に立ち到る、之れが今日の戦争の第一段階である。世界各国の戦争体制は此《こ》の国力戦だ。今日世界列強の対立は此の事を最も雄弁に物語つて居る、此の対立的国力の充実が行はれて片方が相撲にならぬ程上げてしまふ。さうして他方に向つて『どうだい貴様』と云ふ事になると独逸《ドイツ》の前に於《お》けるチエツコと同じである。だから綜合国力が戦闘目的に向つて充実されつゝある状態にある時は事実上戦争に入つたと見ても宜《よ》いのであると思ふ〉

この記事を読む限り、新庄はソ連邦の社会システムを構築している「計画経済」に、経理官として非常な関心を持っていたことがよくわかる。

また近代戦は国力戦にあることを「今の戦争は時間的に国力の充実が始まる、即双方睨み合ひの状態で国力を戦争目的の為めに充実する情勢に立ち到る、之れが今日の戦争の第一段階である」と看破している。新庄は戦力を、数字で分析する冷徹な実務家であった。しかし、それをわかりやすいように相撲にたとえて語っている。そのためには、「今の戦争は時間的に国力の充実が始まる」「之れが今日の戦争の第一段階である。世界各国の戦争体制は此の国力戦だ」と。

新庄の提起した計画経済のヒントが、企画院時代の物資動員計画を経て「国家総動員法」の策定へとつながる時代の流れに、論理的な根拠を与えたともいえるのである。

しかし、軍の中で、新庄の立場自体は必ずしも恵まれたものとはいいかねた。

近現代の軍部、官僚たちの動きに詳しい長崎純心大学の塩崎弘明教授は、新庄健吉という人物に興味を持ち、長く研究対象とされている。新庄が軍部の経済官僚として、自分のポジションをどのように認識していたのかを、塩崎氏は『昭和期の軍部』の中の一章「統制派の経済政策思想」で次のように論じている。

〈彼（新庄）の場合「思想的」な「盟約」で事を処するというよりも、当然のことであるが「経理官」の立場で「国家総動員体制」確立の要請に如何に応えていくかという「テクノクラート」としての処し方に終始したわけである〉

また注目すべきは、塩崎氏は、新庄が陸軍の人脈では「統制派」のリーダー永田鉄山に結びつくことも指摘している。その証左に二人の関係を語った社会大衆党の代議士・亀井貫一郎の談話録を紹介する。

〈ただ、はっきり言うと、ぼくと永田さんの外にもう一人意見が全く一致していたのは、この前申し上げた新庄健吉だけです。それで永田さんはぼくに、ほかの連中の線と会うと混乱するから、「こいつを特に君は専門につけるから」と言った〉（『昭和期の軍部』の中の「亀井貫一郎氏談話速記録」より）

亀井といえば、労働者の前衛に立つ社会大衆党の代議士で、後年、大政翼賛会の東亜部長を務めている。その亀井が、永田の紹介で経済官僚の新庄と親しくなる。三者の一致点は「国民総動員体制」の確立と経済統制だけだろう。議会工作として、永田が亀井を利用したわけである。あるいは逆に亀井が永田に接近したとも考えられる。ただ新庄の立場は、純粋に実務家としてソビエト滞在中に得た知識を永田に見込まれて、亀井を紹介されたのであろう。亀井は当時、政界の仕掛け人として軍部にも顔が利いたという。

では、この時代の「国力戦」について、軍部はいかほどの関心を持っていたのであったか。新庄は「国力戦」なる言葉を使っているが、当時の軍部は、そんな言葉さえ使っていなかった。もっぱら「経済戦」である。しかも、その言葉も中身の覚束ない、かけ声だけのフレーズにすぎなかった。

岩畔豪雄が画策した「経済謀略戦」

だがもう一人、この「国力戦」の意味をきちんと理解している軍人がいた。それは、後述する新庄と一緒に渡米した陸軍省前軍事課長の岩畔豪雄《いわくろひでお》大佐であった。

岩畔は軍事課の前には参謀本部第二部第八課、通称「謀略課」と呼ばれていたセクションに籍を置いており、謀略工作を担当していた人物であった。陸軍中野学校の創設準備委員の一人でもある、いわば「情報戦」の第一人者であった。

岩畔は、事態が切迫していることを感知していた数少ない軍人であった。ひそかに志を同じくする者を集め、「経済謀略戦」なるプランを構想していた。

〈わが現状は、企画院ができ総動員法が施行（一九三八、昭和十三年五月五日）されたが、未だ低調だ。（中略）思想戦・政略戦の準備を進めている。しかるに、肝腎の経済戦についても何の準備もない。貴公がこのたび本省に呼ばれたのも、実は経理局を中心として経済戦の準備に着手したいためだ。軍医部の石井細菌部隊に匹敵する経済謀略機関を創設してほしいのだ〉（雑誌『若松』第一期「経済戦研究班始末記」）

ここに出てくる貴公とは、陸軍経理学校で新庄の二期後輩に当たる、主計十四期出身の秋丸次朗主計中佐である。彼は新庄同様に「国力を数字で評価できる」主計将校であった。

秋丸は岩畔の構想する「経済謀略戦」のプランに感銘し、協力を約した。秋丸は経済戦を研究するために、まずスタッフの編成に着手したのである。しかし、この案件は極秘を要するため準備室は省外に設置された。

〈事務室を九段偕行社の新館に構え、編成に着手した。そのうち川岸茂文主計大尉、山科属官のスタッフが配属となり、事務機構も活発となったので、十五年正月早々に麹町二丁目の第百一銀行の二階に移し、本格的な活動に入った〉(同前)

秋丸たちが目指した研究とは「仮想敵国の経済抗戦力を詳細に分析総合して」「わが方の経済戦力の持久力を見極め、攻防の策を講ずる」国力調査であった。もちろん、ここでいうところの仮想敵国の第一は、米国である。

秋丸たちがもっとも苦労したのは、外部からブレインを集めることであった。メンバーの選定も極秘になされた。要請に応じた学者や研究者は、有沢広巳《ありさわひろみ》東京帝大助教授、武村忠雄慶大教授、宮川実立大教授、名和統一《なわとういち》横浜正金調査員、中山伊知郎東京商大教授、蠟山政道《ろうやままさみち》元東大教授、木下半治東京文理科大教授など、当時の第一線の人たちであった。

研究グループは「米英班」「独伊班」「ソ連班」「南方班」「日本班」「政治班」の六班に分けられていた。当初、この組織は「陸軍省戦争経済研究班」なる名称を用いていた。さらに、他省庁の経済官僚や満鉄調査部の研究員などの人材をスカウト。経済戦を研究するミニ・シンクタンクができ上がった。

だが、研究活動が軌道に乗りはじめると外部から「陸軍が経済界を支配するのでは」といった雑音が日増しに強くなっていく。無用な誤解を避けるために、研究班は、それまでの看板を外して「陸軍省主計課別班」と名称を変えた。事務所も麴町から青山の需品本廠に移している。

しかしここでまた、研究班に問題が降りかかってきた。それは、ブレインの一人であった有沢助教授が「人民戦線事件（大量の検挙者を出した左翼弾圧事件）」の当事者として起訴保釈中の身であることを司法当局が問題視して陸軍省に通報。そのため有沢助教授はブレインから急遽外されてしまったのである。

「研究班は学者を集めて赤化思想の研究をしているのではないか」と疑われたのだ。だがこれは、陸軍省が姑息に動き回る研究班を目障りに思い、研究班潰しを画策してのことだった。

いくつかの災難はあったものの、研究班は何とか基礎調査にこぎつけた。完成したのは昭和十六年夏で、秋丸は研究グループがまとめた「対米英との経済戦争」について、陸軍省と参謀本部の合同会議で説明員として以下の報告を行っている。

〈対英米戦の場合、経済戦力の比は二〇対一程度と判断するが、開戦後二ケ年間は貯備戦力によって抗戦可能でも、それ以降はわが経済戦力は下降を辿り、彼は上昇し始めるので、戦力の格差が大となり、持久戦には堪え難い〉

しかし、その時の会議に招集された参謀連中に秋丸の判定評価は、たいそう不評であったそうだ。その理由は「数字だけで戦はできない。相手を過大評価するのは臆病者だ」という現実離れした意見からであった。精神論が大勢を占めていたのである。

結局、秋丸たちの研究成果は全く評価されることはなかった。「陸軍省主計課別班」は、この会議を以て実質上解散。研究班が収集した最新のデータは、かろうじてその後、

「総力戦研究所」に引き継がれた。しかし、この研究所での研究成果もまた、生かされることはなかった。日本陸軍は伝統的に情報軽視の気風が強く、総力戦たるものの知識に疎かった。秋丸は始末記にこう記している。

〈軍部には都合の悪い結論であり、勝ち味の少ない消極論には耳を貸す様子もなく、大勢は無謀な戦争に突入したが、実情を知る我々にとっては、薄氷を踏む思いであった〉

ちなみにこの時代、企画院調査官を辞した新庄は、すでに支那派遣軍総司令部経理部の高級部員として中国の地にあった。戦争は国力戦と、考えを同じくする新庄と岩畔であったが、実際に二人が出会うのは、もう少し後の話である。

中国での軍票工作

話を少し先に進めすぎたようだ。今一度、企画院にいる頃の新庄の話に戻すことにしよう。

前述したように、企画院は経済の「参謀本部」ともいえるところであった。しかし、官僚組織はどこでも縄張り争いがあるもの。企画院でも、特に陸海軍との間で鉄や油の配分を巡って対立することがしばしばあった。

陸軍は企画院をコントロールしようと画策していた。一方の海軍も、こと油の問題では一歩も譲らない。物資供給量の枠内でいかに軍需を配分するか、いわゆる「物資動員計画」という国家総力戦を策定する重要官庁で、そこの優秀なる人材たちが、自分たちの母体の利益誘導のために内輪の喧嘩をしていたわけである。

元来、実務家肌の新庄は、そんなことに嫌気がさしていた。業を煮やした末、ついには調査官の役職を解いてもらうよう上司に上申している。

だがやがて支那事変が始まると、創設されたばかりの支那派遣軍総司令部（略して総軍と称した）の経理部員に発令された。三九（昭和十四）年九月のことである。ちなみに総軍経理部長は主計中将の大内球三郎が親補されていた。

この時代、新庄が精力的に取り組んだ仕事は「軍票工作《ぐんぴょう》」であった。

軍票工作とは、占領地での経済的制圧を保つための施策である。現地通貨の威力をなくし、占領地で使用する軍票（日本政府の発行する円表示の軍用通貨）を発行し、作戦軍の自活資金、現地での物資購入資金、占領地域での軍人、軍属への給与資金として使って、その価格維持と流通を促進させた。

しかし、新庄はおよそ一年余りで、その任を解かれ、内地に召還されてしまう。その理由は、やはり融通のきかない彼らしい性格の故であった。

中国大陸では四〇（昭和十五）年、汪兆銘による南京政府が誕生した。南京政府の財政顧問を受け持つ、元蔵相であり、後には大東亜相も歴任した青木一男が、南京政府の発行による「儲備券《ちよびけん》（法定紙幣）」を、それまで使われてきた軍票に換えて支配区で流通させようと図ったのである。それに対して新庄は、軍票がまだ作戦半ばだと、頑強に反対したのだ。

前出の機関誌『若松』に、その頃の新庄の様子が紹介されているので掲げておく。

〈支那総軍における軍票政策上の論争は、新庄さんは作戦本位で軍票使用を強く主張したのに対し、新政権（汪兆銘南京政府）も出来たし儲備券も発行されるのだから、これを支援するためには軍も儲備券使用に転換すべきだという政治色の強い平井さんの主張の対立があったと見られる。そして青木一男儲備銀行顧問の意見具申により、東

条陸相は新庄さんを内地に帰したということである〉（『若松』三百五十四号）

文中に出てくる平井とは、新庄と同じく総軍経理部の主計将校で、軍票工作に反対して青木が主導する儲備券を支持する青木派の人物である。

青木一男が中心となって進めてきた金融政策に新庄が頑強に反対したため、儲備券流通の画策が上手くいかず、青木が新庄を更迭させようと東条陸相に直訴したというのが、人事異動の真相であったようだ。

新庄は内地に召還される前の四〇（昭和十五）年三月、主計大佐に進級しているが、帰国後の同年十二月には閑職の経理学校教官に発令された。

しかしこの異動後、新庄に大きな転機が訪れる。翌年一月に「対米諜報に任ず」という辞令が参謀総長から密かに発せられたのだ。表向きの辞令は「米国陸軍駐在員」であった。

新庄健吉の主計将校としての軍歴は、記録上においては、一応、ここで終わったことになる。

恋に落ちた数字の実務家

さてここで少し、話はわき道に逸れる。新庄の恋愛話に触れようと思うのだ。常に冷徹で、数字のみを相手に大胆に分析していく。そんな実務家、新庄の人間的な一面が窺えるエピソードである。

私がそのことを知ったのは、ほんの偶然からであった。前出の、新庄の親族に当たる孝夫氏から新庄の生前をよく知る関係者がいるといって、ある人物を紹介されたのが、きっかけであった。

孝夫氏から教えてもらったS氏は山梨県下に住んでいた。残念ながらS氏からは詳しい話を聞くことはできなかったが、その代わりに意外な話を聞かされたのである。

「新庄さんには実子がいるはずです。それは奥さんの他に、親しくしていた女性とのお子さんでした。確か女性で、東京に住んでいるとか。彼女なら実の子ですから母親から新庄さんのことはいろいろと聞いているんじゃないですか……」

新庄健吉に親しくしていた女性がいた？　しかも子供までいたとは。

新庄には、一九二三（大正十二）年に結婚した範子という正妻がいる。が、範子との間には子供はできなかった。

私は、S氏の話を確かめるべく件の女性、Y子さんに連絡を取ってみることにした。二〇〇三（平成十五）年十二月のことである。そして本人から「会ってもいい」との返事が届いたのは、その年の暮れも押し詰まった頃だった。

インタビューした場所は東京駅構内のとあるレストランであった。自己紹介する彼女は一九三四（昭和九）年生れの六十九歳。年齢よりも若く見えた。

「父のことですか……私が母から聞いた話では、はじめは、自分の部下の方の見合いに付添として来ていたそうです。それが、母に一目ぼれしてしまい、見合いが終わった後に何度も荻窪の母の下宿を訪ねて来たのだとか。母は生前、笑ってそう話してました。そして部下の方を振ったのは気の毒でしたが、頭も良くてハンサムな新庄さんのことを、私も好きになってしまったと……」

Y子さんはいいよどむというより、新庄のことを懐かしむように一言一言かみしめ、語ってくれた。

話によれば、Y子さんの母、西田千代子と新庄が親しくなったのは昭和六年頃だという。その時代の新庄は三宅坂下にあった陸軍省経理局に勤務しており、中央線沿線の借家住まいであった。新庄三十四歳。七歳違いの千代子は二十七歳である。

彼女が記憶している父親新庄とは、どんな人物であったのか。それに、新庄と恋におちた母親千代子とは……。

「母の実家は青森で酒造業を営んでいました。姉妹は女三人で〝青森の三美人〟ともいわれていたんだとか。母は、その末っ子でした。十六歳の時、ピアノを勉強するために上京しました。当時は相当すすんだ女性だったと思うんです。叔父の家から東洋音楽学校（現東京音楽大学）に通学していました。知人には画家の赤松俊子さんや露伴の娘の幸田文さんなどがいて、親しくしていたそうです」

画家の赤松俊子といえば、先に触れた雑誌『現代』昭和十四年五月号で新庄が出席した「ロシヤを語る座談会」にも登場していた人物である。新庄の他に二人の軍人、教育者、新聞記者、それに赤松の五人が名を連ねていた。赤松は、戦後、夫の丸木位里と一緒に『原爆の図』を描き、話題を呼んだ画家である。また戦前は、新庄と同じく、モスクワで生活した経験を持っていた。

Y子さんの口から、その赤松の名が出てくるとは、単なる偶然だろうか。

Y子さんは、思い出話を続けてくれた。

「私は、新庄さんと一緒に暮らしたことがないので、父親という感情を持ったことはありませんでしたね。ですが、東京で母娘二人で暮らしている時、よく新庄さんが訪ねてきたのは覚えています。その時は人形や絵本を必ず持って来てくれていました。帰った後、『どこのおじさん?』と聞くと、母は口癖で『偉い軍人さんなのよ』って話してました。子供心に印象に残っているのは、新庄さんが帰った後の、母の何ともいえぬ寂しげな表情ですね……」

Y子さんは、新庄と母親の千代子の関係を衒《てら》いなく、思い出す限りを語ってくれた。

そして父、新庄に、最後に会った時のことも話してくれた。

「記憶に残っている最後の新庄さんは、私が七歳の頃のことです。当時、私と母は、叔父の家を頼って長野に住んでいました。その近くの湯田中温泉に、初めて親子三人で行ったんです。新庄さんが先に旅館に来ていて、私の顔を見るなり抱き上げて庭に置いてあったブランコに乗せてくれました。それと、子供の浴衣を着せられて、新庄さんの膝に抱かれて眠ってしまったことだけは今でもはっきり覚えています。その夜、母と新庄さんは遅くまで話していましたが、三人で川の字になって寝た時に、初めて〝この人が自分の父親〟なんだということを肌で感じたんです」

外では見せることのなかった素顔を千代子の前では晒していたようだ。相好を崩してY子さんの頭を撫でる新庄の顔が浮かんでくる。私はホッとした。謹厳実直を絵に描いたような陸軍の経済テクノクラートの新庄にもこのような人間臭い一面があったのだ。「湯田中温泉への親子三人での一泊旅行」は、中国での軍票工作の任を解かれ、内地に戻って米国へ旅立つ、わずかな時間を割いての親子旅行であった。

しかし、親子三人、湯田中で過ごした一日が、今生の別れとなってしまった。新庄は帰京後、間もなくして米国へ出張することになる。次に母娘が新庄と再会するのは日米開戦二週間後の一九四一（昭和十六）年十二月二十二日、場所は東京芝の青松寺、遺影となった新庄とであった。

千代子は戦後、子連れで所帯を持った。相手は理解のある男性で、母娘とも幸せに暮し、千代子は七十七歳で他界している。
生前、一度だけ、千代子は娘を連れて、新庄が眠る実家の菩提寺に詣でたという。

第四章　対米諜報に任ず

龍田丸に乗り合わせた三人

一九四一（昭和十六）年三月六日、新庄は横浜港から日本郵船の客船「龍田丸《たつたまる》」で、技術将校の増田信雄大佐と共に米国へ旅立った。

同船には、偶然、「国力戦」の必要を軍部で一人、声高に説いた陸軍省前軍事課長の岩畔豪雄大佐も乗っていた。岩畔ら一行の使命はワシントンで行われていた「日米交渉」とは別ルートで、米国側と「日米諒解案」を検討することであった。米国側の交渉相手は、民間人ながらルーズベルト政権に影響力を持つといわれた、カトリックの海外伝道組織メリノール派の神父、ビショップ・ウォルシュとファーザー・ドラウトの二人であった。

この岩畔らの交渉について、昭和天皇は戦後、『昭和天皇独白録』の中でこう回想している。

〈日米交渉は三国同盟成立の頃から非公式に話が始まつたのでカトリック僧と岩畔大佐等の人物のことは聞いてはゐるが、それ以上の事は知つてゐない、最初は非常に好調に進んだが大切な時に松岡が反対したので駄目になつた〉

その岩畔と新庄が、龍田丸に乗船していたのである。岩畔が新庄の渡米目的を承知していたであろうことは想像に難くない。

以下は、あくまで私の想像である。

岩畔は、「対米諜報」という責務に就く新庄に、きっと接触を試みただろう。太平洋を横断する長い航海である。いろいろなことを話す機会は自然と生まれたはず。そしてお互い、国力戦の重要さ、国家経済に対する考え方で意見が一致し、肝胆相照らす仲となったのではないだろうか。そして「スパイの教官」として新庄に情報収集の初歩的なアドバイスを与えたとしても、何ら不思議ではあるまい。

八日後、龍田丸はハワイのホノルル港に投錨。岩畔、新庄らは在留邦人の盛大な出迎えを受け、夜は喜多《きた》長雄《ながお》総領事主催の歓迎宴に出席した。ハワイで過ごしたのは一日だけで、翌日には、慌しく龍田丸はサンフランシスコに向けて出航している。そして四日後、現地時間で二十日午後三時、米国本土に到着した。宿泊したのはサンフランシスコでも名門ホテルのセント・フランシスであった。

実はこの龍田丸には、前出の在米大使館書記官という肩書きながら、裏では松岡洋右外相と直につながる対米情報収集の任務を受け持っていた、寺崎英成一等書記官も同乗していたのである。

そのことを示唆する日記が見つかったのだ。書いたのは同じく横浜から乗船していた同盟通信のワシントン支局長、加藤萬寿男である。

遺族の了解を得て、記述の一部を紹介する。

〈十四日（昭和十六年三月）……（ハワイの）総領事館で同船で着任した喜多君に午餐に招かれる。岩畔、新庄両大佐、郵船ニューヨーク支店長、寺崎夫婦等も同席、パパイヤ、バナナの味良し〉

〈十七日（船中）岩畔、新庄両大佐、富井大使と毎日語る。寺崎君は連日ポーカーに忙し、一、二度懇談したに過ぎず。この船には日本引き上げの多数の宣教師あり〉

〈二十日　桑港《サンフランシスコ》着。上陸に手間取り、四時頃セント・フランシスホテル着。龍田丸に乗船していたお歴々同ホテルに宿泊す〉

「対米諜報」に就く新庄が、すでにこの段階で寺崎と面識があったということである。とすれば、寺崎が滞米中に行った情報活動のネットワークに、新庄を組み入れて「寺崎－新庄ライン」を構築していたと考えても、何らおかしくない。

そこに「情報戦」の第一人者であった岩畔の存在も加わるとなると……。

〝要注意スパイ行為人物〟

ところで新庄らの動静は、実はすでにハワイ到着時からずっと連邦捜査局（FBI）の監視下に置かれていた。シカゴ駐在の特別捜査官W・J・デベリュークスは、サンフランシスコのインフォーマント（密告者）から、次のような報告を受けていた。

〈井川（日米諒解案の交渉の下準備で先に乗り込んでいた産業組合中央金庫理事の井川忠雄のこと）

は三月二〇日にサンフランシスコで岩畔大佐と会った後、増田信雄大佐と日本陸軍の技術武官（Japanese Army Engineer）新庄健吉大佐と旅行した。両名とも岩畔大佐と日本より同道した。全員三月二二日サンフランシスコを出発し、途中ヨセミテ公園を経由してロスアンゼルスに向った〉（『日米開戦外交の研究』須藤眞志、慶應通信）

情報員は、新庄の肩書きを技術武官と報告しているが技術将校は増田の方である。多少の混乱はあったようだが、一行の動きはほぼ完璧に捉えられていた。

次いで情報員は続報をシカゴに送っている。

〈サンフランシスコからロスアンゼルスまで同道した増田信雄大佐と新庄健吉技術武官は、三月二八日頃グランド・キャニオン、テキサス、ニューオリンズ、ワシントンを経由してニューヨークに向うべく、ロスを出発したとのことである、新庄と増田は今後二、三年間ニューヨークの日本の武官事務所に留まることになるとのことである。

情報員によれば、岩畔と同じ船で来て、サンフランシスコからロスアンゼルスまで同道したという以外、新庄・増田の両名と岩畔との関係は明らかでない〉（同前）

このような内容の報告が情報員からシカゴ支局に、もたらされていた。シカゴ支局では、新庄らが行く先々のＦＢＩ支局に、二人の調査を依頼した。四月三日には、両名がニューオリンズのセント・チャールズ・ホテルに宿泊していることが確認されている。ロサンゼルスで岩畔と別れて七日目だった。

ニューオリンズに至るまでは、グランド・キャニオン、テキサス（州都のオースティンか）に宿泊しており、ようやくルイジアナ州のニューオリンズに到着したことになる。その間、六泊七日の旅程を組んでいた。その後はメキシコ湾沿いから内陸部を北上。アラバマ州、ケンタッキー州、オハイオ州、ペンシルベニア州を経てワシントンＤＣに到着したのは、四月五日であった。

サンフランシスコから以上のコースでワシントンまで、鉄道でおよそ六千キロ。このルートを現在の大陸横断鉄道のアムトラック（全米鉄道旅客公社）を乗り継いで踏破したとしても、車中四泊という長旅になる。サンフランシスコを発ったのが三月二十二日。ニューヨーク着が四月八日。十八日をかけての大旅行であった。

新庄は、ロサンゼルスまでは岩畔たちと行動を共にしていたが、それから先は増田との二人旅であった。新庄の使命は「米国の国力調査」である。当時、米国内には州都間を結ぶ空のネットワークが完成されていたので、時間を節約するなら、航空機の利用が常識であった。それをあえて鉄道を利用して大陸を横断したのは、米国の国力を見聞するため、沿線に点在する都市や農村を直に見学したからではないだろうか。南部の農業地帯を、あるいはピッツバーグの工業地帯を、実地検分に歩き回っていたのだろう。そして道中、目にする国民の着衣から生活レベルを判断するために、鉄道旅行をしたと考えられる。実に新庄らしい観察眼といえよう。

ＦＢＩは新庄を〝Espionage〟というカテゴリーで分類して監視していた。エスピオナージとは「スパイ行為」の意味である。滞米中の新庄の行動はＦＢＩの情報ネットワークに常に「要注意者」として把握されていたのである。

三井物産ニューヨーク支店を本拠に

開戦前、ワシントンの駐在武官府の他に、陸軍海軍とも監督官事務所をニューヨークに置いていた。陸軍のオフィスは総領事館が入居していたロックフェラー・ビルから南に八ブロック下がったマディソン・アベニューの西側に建つＧＭ本社ビル四階にあった。

この場所がわかったのは、新庄の実弟である芦田完（芦田は養家先の姓）宛てに新庄からGM本社ビルが写った絵葉書が届き、四階部分に矢印を引いて「僕の事務所」と書かれていたからである。文面には「遥かに米国東岸にありて思いを東西の天地に馳せ祖国の弥栄《いやさか》を祈る」としたためてあった。

ニューヨーク到着の翌日、新庄は、早速、監督官事務所に顔を出している。着任の報告である。前日は市内のホテルに泊まったが、九日からは事務所が滞在中の宿舎として手配してくれたマンションに移った。紹介されたマンションは、マンハッタンのセカンド・アベニューに面して建つ八階建てのオルリーヌ・マンションであった。

だが新庄は、監督官事務所で勤務するということはなかった。参謀本部から命ぜられた任務は「米国の国力調査」であって、情報収集が主な仕事であった。新庄は事務所に顔を出す代わりに、個室のオフィスをエンパイア・ステートビルの七階にある三井物産ニューヨーク支店の中に用意してもらっていた。支店調査課の春見二三男を部下として付けられ、商社マンとして一民間人を装い、毎日、フィフス・アベニューに通勤することを日課とした。

新庄が着任以来、頻繁に接触していた相手は軍人ではなく、商社の駐在員や新聞特派員たちであった。前述の東京朝日新聞の中野五郎や同盟通信の加藤萬寿男などもそのうちの一人で、付き合いはそうとう深かったようである。

三井物産に対して、情報収集に全面的に協力するよう手を回したのは参謀本部であった。東京の三井物産本社からニューヨークの吉田初次郎支店長に、直に指令が下っていた。日米関係に詳しい、共同通信社論説副委員長兼編集委員、春名《はるな》幹男《みきお》氏の著書『秘密のファイル』（新潮文庫）には、次のようにある。

〈（新庄の仕事を補佐するよう春見は命じられ、その理由を）日米関係が悪化の一途をたどりつつある折から、情報活動に協力してくれと、当局から強く要請された。向井忠晴社長（東京本社）から、春見が最適任と思う、との電信が届いた。調査課の仕事をやる必要がない。情報（活動）のみに専念すればよい〉

支店長自ら、春見に「新庄の仕事を補佐し、協力せよ」と命じていた。

『昭和史発掘　幻の特務機関「ヤマ」』の冒頭でも書き記したが、支店の駐在員で新庄に協力した者は春見以外にもいた。彼の名は古崎博《ふるさきひろし》、当時三十三歳だった。単身でニューヨーク支店に派遣されていた青年である。実際に新庄の右腕となり、情報収集の補佐をしたのは、若い古崎であったようだ。

九一（平成三）年、私は生前の古崎に会い、話を聴いていた。

その時、古崎は八十三歳であったが、年齢を感じさせず矍鑠《かくしゃく》としていた。彼は私にこう語ってくれた。

「私の役目は新庄さんの仕事をサポートすることでした。あの方が収集していた情報は、決して何らいかがわしいものではありません。公開されている米国の産業情報、例えば、鉄鉱石、石油、非鉄金属、アルミ、ゴムといった資源の保有量、あるいは、船舶、自動車、航空機の生産量や進水トン数、それに、鉄鋼の生産量といったものでした。全て工業生産に関わるものばかりでした」

そして新庄の人柄を、こう話していた。

「参謀総長の命令でニューヨークへ対米諜報員として派遣された軍人ということでしたが、居丈高な軍人という印象は少しもなかったですね。とにかく数字の分析には、非常に長じた将校だったのを覚えています」

　あくまで新庄は公開されている数字データのみで情報収集を行っていた。いうなれば「知性」だけで闘っていたのである。

　ちなみに「知性」を英訳した〝インテリジェンス〟という言葉は、スパイの世界では「軍事上、政治上の指導に資するため、特殊な職場（機関等）において公開あるいは秘密に入手し得る情報を収集、評価、配布すること」を意味する（『諜報』ゲルト・ブッフハイト、三修社）。

寺崎のスパイ・ネットワーク

　新庄をバックアップしていたのは三井物産ニューヨーク支店であったわけだが、商社を情報収集のミッションに組み入れることは、早くから外務省でも検討されていたことだった。すでに新庄が渡米する一カ月半前から準備はなされていたのである。

　松岡外相は、前出の寺崎英成一等書記官をワシントンに着任させる以前に、次のような極秘の訓令を大使館の情報担当官宛てに発していた。

〈1．大使館内に諜報機関を設け、民間・半官の情報機関との接触を維持する。
2．重点を米国の全体的な国力の査定におき、政治、経済、軍事に分けて米国の行動コースを明らかにする〉（『神戸外大論叢』第三十九巻第七号、浅井信雄氏「日米開戦前夜における寺崎英成の役割」）

これを受け、日本大使館は在米の日本の銀行、商社、報道機関との情報収集体制を作るため、わざわざ各社代表を呼び、検討会まで開いている。

こうして対米諜報のためのお膳立てが整えられ、満を持して情報収集活動の統括をする寺崎が迎えられたのである。寺崎がワシントンの在米日本大使館に赴任したのは、新庄がニューヨークに到着する十日前の三月二十九日であった。

ではこれから先は、新庄と寺崎の関係がどのようにリンクしてゆくのかを中心に、検証してみることにしよう。

なお、寺崎の米国での動きは、国際政治学者の浅井信雄氏の論に大いに依って私は筆を進めている。浅井氏は、寺崎の米国での活動の様子を実に緻密に調査されていた。これまで伝えられてきた、戦争回避に努力した一外交官としての像だけではなく、米国における日本のスパイ活動の責任者でもあった寺崎の顔を明らかにされたのだ。

寺崎の情報活動には、外務省のみならず、日本の関係各所とも大いに関心を寄せていた。近衛総理も、直々に大使館宛てに公電を発している。

〈1. 寺崎書記官を米国における情報（information）、宣伝の指揮に専念させせよ。

2. 寺崎をして全公館との密なる接触を維持せしめ、その経路にて収集せる情報の調整にあたらせよ。彼が必要と判断するときは、関係公館員を召集ないし訪問せしめよ。

3. 寺崎が必要と判断するときは、中南米を訪問させ、これら諸国に駐在するわが情報担当者と接触せしめよ。

4. 寺崎の任務遂行にふさわしい行動の自由を与えるため、十分な資金を与えたことに留意し、可能なあらゆる便宜を提供されたし〉（同前）

ちなみに近衛はこの公電を駐在武官府に対しては発していない。統帥権の問題に関わってくるため、軍人には指示を出せなかったのである。しかし、近衛は公電を発する前に東条陸相には相談していたようだ。

いずれにしても、寺崎は東京からのお墨付きを与えられ、「外交特権」のカバーを大いに役立て、情報活動を行っていったのである。

さて、一方の新庄であるが、彼が使っていた名刺の肩書きは「三井物産紐育《ニューヨーク》支店・嘱託」というものであった。商社マンは当然ながらビジネスで多様な人間と会い、情報交換が日常の仕事に組み込まれている職業である。その点、新庄が初歩的な身分偽装とはいえ、商社マンになりすましたことはスパイとしては基本であった。渡米前から伸ばしていた頭髪も七分ほどに伸びてスーツ姿も板についてきた。

当時、ニューヨークには物産以外にも商社では三菱商事、野村貿易、大倉商事などが支店を出していた。また、金融関係では日銀、横浜正金、興銀、三井、三菱などの支店が置かれていた。新庄はこれらの会社をこまめに回っては、社員たちと親しくし、産業情報を集めていた。それに、新聞、通信社の特派員たちとの懇談も精力的にこなしていた。

支店内ではどんな仕事ぶりであったのか。前出の古崎は次のように語っている。

「集めてくる資料は、他社から提供されたものもありましたが、大半は公刊されている印刷物の数字の読み込みと積算で、そこから統計数字を使って各種原材料の備蓄や生産力を分析し、推計してゆくんです。新庄さんはよくエコノミック・ジャーナルを読んでいたのを覚えています。ほかにも、エコノミストやウォール・ストリート・ジャーナル、US・アンド・ワールド・リポート、フォーチュン誌なども机に置いてありました」

デスクには、雑誌や新聞、統計年鑑などがうずたかく積み上げられていたという。几帳面な性格の新庄なればこそ、無味乾燥で味気ない数字との格闘もルーチンでこなせたのであろう。またこれらの政治、経済紙誌はニューススタンドで簡単に手に入るものばかりであった。

さて、新庄の行動半径はマンションを基点にしてロックフェラー・ビル、エンパイア・ステートビルを直線で南北に結ぶラインを往復するのが日課であった。月に一度はペン・ステーションから列車に乗って三百七十キロ離れたワシントンの陸軍武官府に報告に出向いていた。

浅井氏の論考によると、寺崎は三井物産ニューヨーク支店が行っていた情報収集工作をかなり重視していたという。同支店で情報収集を行っていた人物といえば、新庄のことであろう。

想像するに、新庄と寺崎は、情報交換のため、ニューヨークやワシントンで度々密会していたはずだ。

ワシントンの密会場所なら、きっと大使館から車で十五分のマウント・ヴァーノン・スクエア近くのチャイナタウン地区にあった中華料理店「チャイニーズ・ランターン」を使っていたと思われる。当時、ワシントンには日本料理店はなかった。同店は寺崎の送別会が行われたりと、大使館員たちもよく利用していたところである。

私は、ワシントン訪問の際、このランターンにも寄ってみた。しかし当時のランターンは今はもうなく、そこには同じ店構えの北京料理の店「皇鳳《ファンポー》」が営業していた。

新庄と寺崎の会った時間はランチ・タイムだったろうか、それとも、ディナーの時間であったのだろうか。そこではどんな会話が交わされていたのか。近くにFBIの捜査官は張りついていなかったのか。いや、お互いに、尾行がついていることぐらい先刻承知していたことだろう……。

つい空想ばかりが膨らんでしまう。

七月のターニングポイント

新庄がニューヨークで活動を開始して早くも三カ月が過ぎ去ろうとしていた。仕事もようやく軌道に乗ってきていた。

新庄は支店の社員とはほとんど会食をすることはなかったが、外部の人間とはタイムズ・スクエア近くにあった「都」や「東京亭」といった日本料理屋を使って、情報交換を行っていた。

特に、前述の東京朝日新聞特派員の中野五郎とは馬が合ったようで、よく会っている。

そして中野の記述によれば、四一（昭和十六）年七月の終わりのある日、新庄と中野は、ニューヨーク港に、お互いの知人を見送りにきたのち「都」で痛飲したという。

その時、日本が戦争に向かうターニングポイントともいうべきあることが、二人の話題になったからであった。それは、日本軍の南部仏印（今のベトナム）進駐であった。

英語に堪能な新庄の愛読誌は、時事週刊誌の『ニューズウィーク』であったという。同誌の八月四日号は、南部仏印進駐問題に関して“Showdown in Pacific Hastened”と、大きく報じていた。「太平洋の決戦は近づいてきた」とでも訳せばいいのだろうか。『ニューズウィーク』はこの号で、米国の経済制裁により日本が受ける影響を報じている。雑誌がニューススタンドに並ぶのは午前十時頃で、八月四日号は七月二十八日に発売されている。

米政府はこの日本軍の南部仏印進駐問題について、サムナー・ウエルズ国務次官が、「日本の動きは太平洋地域の諸国家による太平洋の平和利用を脅かし、米国の防衛に必要な錫、ゴム、その他の原料の調達を妨げ、フィリピン列島を含む太平洋の他の地域の安全に脅威を与え、このような事態の進展は米国の安全に致命的な問題を投げかけるものである」

との対日警告を発し、七月二十五日には日本の在米資産一億三千百万ドルを凍結した。ウエルズのこの強い対日警告の裏には、米国の陸軍通信隊情報部（ＳＩＳ）が、日本軍の南部仏印進駐後のプログラムを解読していたという事情があった。その情報とは「仏印占領後の東亜における軍事計画」である。

日本の暗号電が米国に筒抜けになっていた事情は後に詳述するが、米国はこの暗号情報をも解読し、日本側の企みを全て承知していたのだ。「日本の東南アジアにおける拡張計画が明らかに発覚した」として、開戦前もっとも重要視した情報であった。

日本軍の「仏印占領後のプログラム」とは具体的にどのようなものであったか。

〈次の計画は、蘭印に対する最後通告の発送である。シンガポール占領には一個師団、蘭印占領には二個師団を必要とする。主として航空部隊（広州、新南群島〈スプラトリ諸島〉、パラオ、タイ領シンゴラ、ポルトガル領チモール及び仏印を基地とする）と潜水艦部隊（南洋委任統治領、海南島および仏印を基地とする）をもって、英米軍事力を断固として粉砕する〉

というものであった。米国がこのプログラムを「軍事行動」と解釈したのは、明らかだろう。こうしてウエルズの強硬な対日警告となったのである。

だが日本は、米国の警告を無視して無血占領とはいえ二十八日に進駐を強行。それを受け、米国は八月一日、対抗措置として日本に対する石油の全面輸出禁止を発動した。米国の日本に対する「経済戦争」が頂点に達したのである。

新庄と中野が、この問題を重要視し、夜遅くまで語り合ったのは当然のことだった。

厳重なFBI監視下で

日本の南部仏印進駐に際して、輸出入を扱う三井物産の社員も、煽りを食った形で苦い体験をしていた。

三井物産ニューヨーク支店駐在員の一人であった目加田栄蔵は、当時のことをこう述懐している。

〈その頃ニューヨーク支店が扱っていた品目の中で、アメリカが日本へ輸出する鉄鋼・銅・鉛・ニッケル・亜鉛・アルミニウム・くず鉄などは、一九四一年に入ると毎日のように輸出制限が加えられるようになった。昨日まで輸出できた品目が今日は禁輸品目に入る。こうなると取引先は、これまで積出港における積出時点の支払いでよかったものを、工場出荷時に物産が支払わなければ引き受けないことになった。工場出荷まで輸出可能だったものが、積出し時までに禁輸品になるケースが続出した（中略）こうした状況の中から、排日感情が日ごとにつのっていった〉（『駐米大使野村吉三郎の無念』尾塩尚、日本経済新聞社）

目加田が語っているように、米国は在米日本資産の凍結に先立って戦略物資の禁輸措置などの明らかな経済制裁も科していた。

在米の日本人社会でも反日感情を敏感に感じ取っていたのであろう、ニューヨークから離米する邦人がどっと増えた。反面、ニューヨークに留まる日本人に対しては官憲の監視が強まっていった。

当然、商社マンと身分を偽って情報収集をしている新庄の身辺も慌しくなっていく。すでに新庄がＦＢＩの監視下にあることは述べた。それがいっそう強まっていったことは想像に難くない。宿舎のオルリーヌ・マンションから勤務先のエンパイア・ステートビルまでは徒歩でおよそ二十分の距離である。その区間を毎日、ＦＢＩの捜査官を従えて通勤していたようだ。マンションの部屋の電話盗聴など、日常的なことであった。

新庄のモニター記録は未見だが、同じくＦＢＩが監視対象にしていた岩畔大佐については記録が公開されている。彼のケースを見てみると、通話した相手の番号から通話時間、通話内容、住所などが、二十四時間体制でびっしりと記録されている。その上、ＦＢＩは後日、通話先の相手まで徹底的に調査しており、その監視の徹底ぶりは尋常ではなかった。おそらく、ＦＢＩは新庄に対する盗聴も岩畔同様に行っていたはずである。しかしその間、新庄は引きこもることなく、積極的に視察して回っていた。ニューヨークを拠点にして、時折は郊外や地方にも足を伸ばしていたようである。

この三カ月の滞在で目にする米国人たちの自由な市民生活は、新庄にとって米国国力の脅威として映っていた。

かつて新庄が調査官として仕事をしていた企画院は物資動員計画を弾き出す官庁であった。元調査官としては、否が応でも比較してしまう。

ちなみに一九四一（昭和十六）年当時の日本の人口は統計上、約七千二百万人。その国民が生活するために必要な米、味噌、醬油、塩、マッチ、木炭などは「配給品目」に指定され、生活物資は四一年四月から「生活必需物資統制令」の公布で、配給通帳と切符で購入する登録制度となっていた。また、産業界も八月三十日の「重要産業団体令」「金属類回収令」「株式価格統制令」「配電統制令」などの公布で企業統制が強まり、生活と職場はさらに国家総動員体制に組み込まれていくことになる。

では、国民を国家総力戦に駆り立てていくこの時代、日本の軍事費はどの程度の水準にあったのか。支那事変を闘っていた昭和十六年度の一般会計予算は七十九億九千七百万円。国債で賄う臨時軍事費（一般会計の陸海軍省予算、徴兵費を含んだもの）は百二十九億円と、一般会計予算を遥かにオーバーするというお寒い状況であった。

中国戦線の戦費は同年の対GNP（四百二十億円）比で一〇％を超える額であった。この年の陸海軍トータルの軍事費は百二十五億円。この数字は日本が対米英戦に向けて「臨時軍事費」という名目の下、国民の資産を食いつぶしていく、再生産の利かない絶望的な数字であった。

おそらく、新庄の頭にもこの「絶望的な数字」は刻み込まれていただろう。圧倒的なまでの国力の差。しかし、紙の上に再現されてゆく「絶望的な数字」は、新庄にとって、不吉にも日米戦不可避を予測した警告にも見えたはずだ。

筒抜けだった暗号電

一等書記官寺崎英成は、前述したように表向きは開戦直前にワシントンの日本大使館に勤務する一外交官であった。しかしその素顔を、エリス・ザカリアス大佐は「在米諜報機関をコントロールするスパイマスター」と評している。

〈我々に対して攻撃的情報活動を行うのは、もはや日本海軍とは限っていなかった。スパイ組織は拡大され、全スパイ活動におよんでいた。スパイたちは陸海軍の情報ばかりでなく、政治的な情報も求めていた。東京の陰謀家たちは、アメリカの意図、力と弱点、潜在力、戦意、政治路線などの十分な知識を持つことによって、彼らの最終的な作戦を描き上げようとしていた。日本の情報部はこの拡大されたスパイ組織のためには、別な組織を必要とした。すなわち海軍情報部の範囲以上の組織が必要であった。そこで彼らは海軍情報部の組織の代わりに、全領事館を動員し、ワシントンのマサチューセッツ通りの日本大使館の指揮の下に、外交的仮面の陰にかくれてスパイ活動を行う組織を造ることに決めた。

このスパイ組織の責任ある地位に選ばれた男は、日本大使館の中では、地位も低く、そう重要でない仕事を持っているように思われた。彼は寺崎という名の日本大使館二等書記官で、「真珠湾への序曲」たる期間中における、日本のスパイ活動のリーダーと見なして良い人物であった。（中略）彼は静かで、きちょうめんな、教養のある、無口な、そして、控え目な男で、ひじょうに内気な印象を与えるが、頭の鋭い、内に少なからぬエネルギーをひそめた男であった〉（『日本との秘密戦』朝日ソノラマ）

ザカリアスは一九二〇年代に在日米国大使館の海軍武官として来日している。日本語の語学研修を受けながら政治家、軍人、官僚、経済人らと親しくなり、彼らからインサイド情報を集めていた情報将校であった。

ザカリアスの著作は戦後に、翻訳、出版されたものである。

彼は、在日米国大使館の武官を八年務めた後、海軍情報部（ＯＮＩ）に転属になり、そこで東京―ワシントン間で交わされる日本の外交機密電の解読から寺崎の秘密の任務を察知していったのであった。

日本では、外交暗号電を「紫」と呼んでいた。ＯＮＩでも、それに倣《なら》い〝パープル〟とコードネームをつけ、すでに暗号電を解読していたのである。解読文書は〝マジック〟と名付けられ、常時、ホワイトハウスに届けられていた。

〈「ルーズベルト独裁の下で米政府は全面戦争に傾斜している」（中略）「外国のために

働く米国人や米国に居住する外国人への規制が強まり、諜報は困難をきわめているゆえ、東京への回答の遅延を了解されたし」、「ワシントンとニューヨークの諜報活動を一単位とし、担当官を毎月10日ニューヨークに派遣させたし」、「諜報担当官の肩書きを『プレス・アタシェ』(報道官) といたしたし」〉(前掲の浅井信雄氏の論考)

また寺崎が、FBIに二十四時間、密着してマークされていたことも次の資料から裏付けられている。この資料は、米国のFOIA (情報自由法) に基づいて公開されたFBIファイルの中に綴じられていたものだ。前出の『秘密のファイル』の著者、春名氏が発掘していた。

〈「J」とはジャパニーズの頭文字。寺崎の行動を分刻みで克明に記録した、このFBIの月例秘密報告書は陸・海軍の情報当局と国務省にも配布された。(中略) ホワイトハウス駐在のエドウィン・ワトソン武官に「親展」の秘密書簡で通知し、寺崎の行動に注意するよう警告した〉

FBIに二十四時間監視されていた寺崎と同じように、新庄も別のFBIネットに捕捉されていたことは前述した通りである。寺崎と新庄が動く時、FBIも同時に動いていたのだ。

いったいこのような厳重な監視体制下で、開戦直前の日本の在米スパイ・ネットワークは、どの程度、構築、機能できていたのか。

概観してみることにする。外務省ルートを別にすると、一言でいえば、陸軍は海軍依存で、対米英情報はほとんど持っていなかったといえる。

戦後、検証された、戦時中の日本の情報戦略についてまとめられた論文から大要を見てみると、

〈ア　対米英戦を予期しての在外情報網を構成しないうちに戦争に突入してしまった。
イ　参謀本部第2部（情報担当）の対米、対英戦に関する認識、経験が不足していた。
ウ　米英情報は、陸軍の首脳部においては海軍に依存し、陸軍自らの米英情報についての工夫努力が不足していた〉（『日本陸海軍の情報機構とその活動』有賀傳、近代文芸社より）
その上、日米関係の悪化にともない、在米の大使館、領事館に配置していた情報将校を南米のペルーやコロンビアなどに配置転換してしまっていた。そのため、肝腎の米国

情報が空白になってしまったのである。

そのために新庄のような、いわば本職ではない諜報員が活躍していたのである。しかし繰り返すが、新庄の任務は、直接、軍事情報を集めるという非合法なスパイの役割ではなく、あくまでも公開情報の収集と分析に徹した仕事であった。

また日本は、米国内におけるルーズベルト政権に批判的な組織、「米国第一委員会（ＡＦＣ）」に目をつけ、米国の対日参戦を世論で阻止するなどという工作にも力を入れていた。

このＡＦＣという組織は、「1千万人のメンバーを擁するといわれ（中略）米国の孤立主義をかかげていたがゆえに、ルーズベルトへの非難の矛先が鋭」いという団体であった（前掲の浅井氏の論考）。

寺崎は、指令を受け、ＡＦＣの二大拠点であるニューヨークとシカゴに足しげく通い、ＡＦＣの関係者と秘密接触に励んだりしていたのである。

「第一次報告書」の完成

七月も終わりに近づいていた。

東京では、半月前の十六日に対米交渉で松岡外相と対立していた近衛が、松岡外相一人だけを切るために内閣総辞職を断行。その後すぐに、引き続き第三次近衛内閣を組閣している。

外相を辞した松岡洋右は当時の心境を句に詠んでいる。「坊主めが行き倒れたり梅雨の道」。坊主頭の松岡らしい皮肉な句であった。

日本の国内では、いよいよ軍靴の響きが高まりはじめていた。

エンパイア・ステートビル七階の三井物産オフィスの灯は、毎夜、深更になっても消えることはなかった。新庄は、これまでの米国国力調査結果を第一次調査報告書としてまとめる作業に入っていた。

部屋に残っているのは、新庄と物産の社員二人だけ。三人のデスクにはタイピングされた紙がうずたかく積まれていた。紙にはびっしりと羅列された数字。社員二人が整理した項目には、新庄の赤エンピツのチェックが丹念に入れられていった。

数字の積算には、当時、日本には数台しか輸入されていなかった、IBM社製のホレリス式統計機が使われた。ソロバンや計算尺ではとても計算が追いつかなかったからである。計算処理は機械で、そして清書は邦文タイプライターでなされた。計算の能率は上がったが、統計数字は無機質に残酷な事実を打ち出していった。何度、検算をしても出てくる結果は絶望的な数字ばかり。冷房が切られた部屋には空気が澱んでいる。

新庄が心血を注いでまとめた米国と日本の国力の差は、以下のような数字で整理されていた。

〈主要項目	米国	日米の比率
鉄鋼生産量	九五〇〇万トン	一対二四
石油精製量	一億一〇〇〇万バーレル	一対無限
石炭産出量	五億トン	一対一二
電力	一八〇〇万キロワット	一対四・五

アルミ生産量	八五万トン	一対八
航空機生産機数	一二万機	一対八
自動車生産台数	六二〇万台	一対五〇
船舶保有量	一〇〇〇万トン	一対一・五
工場労働者数	三四〇〇万人	一対五〉

新庄がこの報告書を書き上げた時の心境は想像するに余りある。

エンパイア・ステートビル七階にあるオフィスの窓からは、眼下の五番街が一望できた。深夜になっても車の灯りは途切れることなく、帯になって輝いて見えた。

壁の電気時計に目をやると針はもう午前二時を指していた。社員の二人を先に帰し、一人となった部屋で、新庄はホッと一つため息をつき、再びデスクに向かう。そして報告書の最後のまとめに入った。

〈日米両国の工業力の比率は、重工業において一対二〇。化学工業において一対三である。戦争がどのように進展するとしても、この差を縮めることが不可能とすれば、少なくとも、この比率は常時維持されなければならない。

そのためには、戦争の全期間を通じて、米国の損害を一〇〇パーセントとし、日本側の損害は常に五パーセント以内に留めなければならない。日本側の損害が若しそれ以上に達すれば、一対二〇ないし一対三の比率をもってする戦力の差は絶望的に拡大する〉

結語を一気に書きあげた。三カ月間の成果である。すでに窓からは朝日が射し込んでいた。だが、達成感というより、空しさが残るばかりであった。

几帳面な新庄は、デスクの上を整理しながらワシントン行きの列車の時刻を再確認する。完成した報告書を一刻も早く、大使館にいる岩畔大佐に渡すためだ。岩畔は月末に帰国する予定だった。

徹夜明けのまま午前八時の特急に飛び乗り、ワシントンに着いたのは午後一時。

岩畔大佐は、新庄からの報告書を受け取るや、一気に読み通してくれた。

おそらく、報告書の最終的な結論は「日米戦わば、必ず日本は負ける」という一文でまとめられていたはず。岩畔はそれを読み、少なからず驚いたことだろう。そしてこのレポートを本国に持ち帰れば、どのような反応が返ってくるか予想できたはずだ。しかしそれ以上に、数字データに裏打ちされた緻密で正確な調査結果の意味する大きさを理解したことだろう。岩畔は新庄の労をねぎらい、帰朝後、必ずや政府・統帥部に提出して日米戦の愚かさを説くと誓ってくれた。

後は、岩畔大佐に託すほかはない……。

岩畔大佐がワシントンを出発したのは七月三十一日。正確な日時は定かではないが、新庄が岩畔大佐と接触したのは、遅くとも前日と見るべきであろう。ちなみに、岩畔が横浜に帰港したのは八月十五日であった。

戦争指導者の杜撰な見通し

新庄は、岩畔大佐が帰国した翌八月一日にはニューヨークに戻っていた。

ちょうどその一年前のこと、松岡外相が公式に政府声明で「大東亜共栄圏」の勢力版図を明らかにしている。

版図は、「大東亜共栄圏は従来東亜新秩序圏乃至は東亜安定圏と称されていたものと同一であり、広く蘭印、仏印等の南方諸地域を包含す」とその範囲を特定し、さらに満州、支那を加えた。また、別に「東亜経済圏」という名称で、小磯国昭《こいそくにあき》前拓務相は「仏印、タイ、マラヤ、ビルマ、蘭印、フィリッピンを統合す」と経済権益の範囲を示した。

いうなれば、大東亜共栄圏は、東京を基点におよそ東経九五度から一四五度、北緯二五度から南緯一〇度の線上の内側ということになる。東京を支点にした円弧内の西端は蘭領スマトラ、東端はマリアナ諸島、北端は英領ビルマ、南端は蘭領ボルネオという広大な地域を勢力圏としたのである。大東亜共栄圏から日本（横浜）への最短距離はというと、フィリピンのルソン島の北端から一千カイリ（一千八百五十二キロ）となる。この一千カイリは、今日的視点で見るならば日本の南西方面シーレーン防衛の南限線になっている。

日本が東南アジアから南西太平洋海域を版図として目指した最大の目的は、戦争資源の確保にほかならなかった。物資動員計画は、すでにそれらの資源を当てこんで積算されていたのである。

この軍事物資の調達を南方に依存する傾向は、新庄が企画院に在籍していた時代から始まっていたことであった。一九三九（昭和十四）年度の資源輸入計画でも、南方依存度を輸入総額の一〇％と見積もっている。品目では錫、生ゴム、ボーキサイト、クローム鉱は七〇％以上、マンガン、タングステン、ニッケル、銅、亜鉛、石油は五〇％。中でも、蘭印のニッケル、ボーキサイト、生ゴム、錫、そして仏印の工業塩、亜鉛、フィリピンのタングステン等は、特に確保の必要性が強調されていた。要するに、国策として戦争資源の自給体制を固めることが急務とされ、その調達先を東南アジアに求めるしか手がなかったのである。

第一次の新庄レポートが完成した四一（昭和十六）年七月、当時の日本の「物資動員計画」を、戦争指導部はどの程度の数字で議論していたのか。企画院が見積もった昭和十六年度の「物資動員計画」は、七月九日に閣議決定されている。

その策定方針は以下の数字であった。

〈重要物資の供給力に付《つい》ては
普通鋼々材　　増減なし
普通鋼々材に付ては客年十一月の概略案では十六年度生産目標を四百十万トンとしたのであるが其の後凡《あら》ゆる努力を鉄鋼生産に集中して前述の如く四百七十六万五千トンを生産する事とし之に特殊保税工場に保有せる鋼材を輸出抑制の関係より使用することとし計四百八十万三千トンを供給力として計上した（現代文に直した）
石炭　　十割七分
電気銅　　六割八分
鉛　　七割六分
アルミニウム　　五割四分
生ゴム　　十一割六分（主要品目のみ）〉

「凡ゆる努力を……集中して」とは、おそれいる。つまりは、全て現実の数字ではなく、希望的観測によるものであった。戦争指導部の対米戦に関する認識の甘さ。それと、戦争遂行能力の見通しの杜撰《ずさん》さを理解できよう。

なお石油に関しては、次のような数字が陸軍省整備局から報告されていた。高橋健夫著の『油断の幻影』（時事通信社）より引いてみる。

〈陸軍の貯油は、昭和十二〜十四年、政府による石油備蓄計画によって民間石油関係各社によって共同企業（株）を設立し、極秘裡に石油の特別輸入を実施したのであるが、その結果輸入し得た約七二万klの原油を陸軍が譲り受けたもの（中略）。

さらに昭和十五年末期からの特別輸入という買いだめで輸入し得た約四〇万klの航空ガソリンを主体とする製品があった。

したがって、その合計である一一〇万klという数字はここに集まっているメンバー（陸海軍、企画院、商工省の燃料担当者）には、熟知のものであり嘘のつけるものではない。また、民間つまり商工省燃料局が握っている数字七〇万klもガラス張りである。

これに対して、海軍の貯油量だけはベールに包まれていた。（中略）（後でわかったことだが）海軍省兵備一課長は、海軍の貯油量は六五〇万klだと述べた〉

こちらもずいぶんな丼勘定である。

戦争指導部は、企画院が挙げた数字を鵜呑みにして処理してしまっていた。日本の国力ともいえる経済運営は、希望的観測だけでなされていたのである。

しかるに新庄は、異国の地にありながら商社員やジャーナリストなどの協力を得て、確実に日本の国力をもはじき出していた。

例えば、企画院が昭和十六年度の鉄鋼供給量を保税倉庫に保管している輸出分まで計上してしまい、「四百八十万三千トン」と見積もっていたところ、新庄が推計した鉄鋼の日米比率は一対二四の四百万トン。いかに現実の数字をつかんでいたか。

「数字のスパイ」は米国の国力も、そして日本の国をも正確に見抜いていたのである。

「新庄レポート」の行方

さて、第一次報告書を持ち帰った岩畔大佐は、八月十五日に帰朝した。その後、新庄レポートはどのように扱われたのか。

「岩畔豪雄氏談話速記録」から経過を追ってみることにする。

〈昭和十六年夏に於ける米国国防計画の全貌は私と同じく竜田丸で渡米した新庄主計大佐の異常な努力によって略々明らかにすることが出来た〉

と、談話速記録は新庄の労をねぎらう言葉で始まっていた。そして、報告書の内容を説明した要点について語っている。この部分は長文になるので『週刊読売臨時増刊号』（一九五六年十二月八日号）に岩畔が執筆した論考から引用する。

〈調査成果は、彼（新庄）の委嘱にもとづいて私が昭和十六年の八月中旬から下旬にかけて、近衛総理、陸軍首脳部、海軍首脳部、宮内省首脳部（内大臣、宮内大臣、侍従長および侍従武官長）、豊田外務大臣らに直接面会して披露すると同時に、宮中で開催されていた大本営連絡会議（総理、陸海軍、外務、大蔵の各大臣、企画院総裁、参謀総長および軍令部総長によって構成されていた）に出席して、約一時間半にわたって委細説明したのであるが、新庄大佐によって調べられた資料が、私の無力なせいもあって、文武首脳者の頭を切換えさすに至らなかったことは、かえすがえすも痛恨の極みであった〉

岩畔大佐は戦争指導部の面々に面会したり、国策を検討する政府・統帥部の連絡会議にまで出席して新庄レポートの内容を説明したという。しかし、新庄レポートに理解を示す戦争指導者はいなかった。

岩畔大佐が大本営政府連絡会議にも出席していたとすれば、帰朝していた時期は八月十五日から月末の間だから、その間に連絡会議が開かれたのは、土曜日の十六日と火曜日の二十六日、それと三十日の土曜日であった。月が変わると九月三日にも連絡会議は開かれている。

ちなみに、二十六日の会議の主要議題は何であったのか検証してみると、それは、十四日に開かれた連絡会議の「対英米外交の取扱」について政府・統帥部で確認することであった。対米英戦の決意をいつの段階で決するか、日米交渉の流れの中で時間のタイミングを計る議論をしていた。

『大本営陸軍部戦争指導班機密戦争日誌』（軍事史学会編、錦正社、以下『機密戦争日誌』）には十四日の会議について、こう書かれている。

〈連絡会議開催（中略）上司ノ闇取引ナルガ如シ　近衛（総理）、豊田（外相）、東条（陸相）、及川［古志郎］（海相）ノ闇取引ナラン　右対英外交ト併行シ対米外交ハ依然進メツツアルガ如ク八日ニ米回答アリシト云フ〉

続いて十五日の日誌には、

〈英米共同宣言ヲ発ス　英米ノ戦争目的和平条件ヲ宣言シタルモノナリヤ否ヤ結局ハ英米ノ世界制覇、自由主義現状維持ニ依ル世界制覇ニ他ナラズ〉

とある。

参謀本部が外交について触れたのは、南部仏印進駐の問題に関して神経質になっていたためであった。それと、英米の共同宣言に対しては特に警戒心を強めていたことがわかる。

岩畔大佐は十九日に参謀本部戦争指導班を訪ね、帰朝報告をしていた。談話速記録の中で次のように語っている。

〈連絡会議で説明を行った翌日、正確に云うならば八月二十四日東条陸相から仏印駐屯の近衛歩兵第五聯隊長に任命する旨申し渡された私は直ちに出発準備に取りかかったが、日本の前途を思うとき私の心は暗夜のように暗かった〉

岩畔は八月二十三日（土曜日）に連絡会議で説明したとしているが、この日は連絡会議は開かれておらず、政府・統帥部の「情報交換会」が二十日に開かれていた。おそらく、岩畔が新庄レポートの内容を説明したのは、この情報交換会の席上ではなかったかと思われる。

前掲の『機密戦争日誌』をひもとくと、八月二十日には、

〈岩畔大佐宮中情報交換ニ於テ日米妥協ノ余地アリトノ報告ヲナセルガ如シ〉

と、記載されていた。そして、この宮中での報告会に対して海軍側からのクレームがあったとも記されている。

〈海軍若手連中大イニ憤慨セルガ如ク小野田中佐ヨリ甚ダ困ル旨電話アリ〉

海軍は、今か今かと対米戦の開戦準備をすすめていたわけだから、新庄レポートの数字を聞いて士気に影響が出ることを懸念したのだろう。戦争指導班に抗議してきたのである。

ここで、長々と岩畔大佐の言動を「談話速記録」や『機密戦争日誌』をめぐって、逐一、追跡したのは、帰朝後の岩畔が確かに新庄レポートを戦争指導部に報告していたのを検証するためであった。日にちや出席した会議の記憶違いはあるものの、岩畔大佐は間違いなく新庄レポートを基に日米戦回避を訴えていたことが確認できた。

しかし、その結果は、本人が述懐しているように「文武首脳者の頭を切換えさすに至

らなかった」のである。

また、岩畔の近衛連隊長への任命は「外野で吠えている岩畔に手を焼いた東条の懲罰人事」などと巷間、いわれたりもしたという。

事実、この人事を境に岩畔が中央に呼び戻されることは二度となかった。

連隊長の次の任務は「インド独立工作」を画策する「岩畔機関」の立ち上げであった。しかしここでも岩畔は、中央の方針と対立して機関長を解任されている。組織は「光機関」と改称されて、機関長には終戦直前に「陸軍中野学校長」に就任する山本敏《はやし》大佐が任命された。光機関の最後のボスは開戦前の在米武官・磯田三郎中将であった。

岩畔はその後、スマトラの軍政官を経て最後の任地、「地獄の戦場」といわれたインパール作戦の側面支援をする第二十八軍の参謀長に就いている。階級は少将であった。

戦後も生き残った岩畔は、戦犯の訴追を受けることもなく、余生を京都産業大学の世界問題研究所に職を得て、晩年は思索と講演活動で過ごした。七十三歳で没している。

苛立ちとあきらめ……

心血を注いで書き上げた報告書を岩畔大佐に渡してほっと一息ついた新庄は、仕事を離れて数週間を私事で過ごしている。いわば、精神のリフレッシュであった。

この頃、Y子さんの許に、ニューヨークの新庄から人形のプレゼントが送られてきていた。一緒にあった手紙には「ニューヨークで一番大きな百貨店、メーシーで買ったもの」と記されていた。

おそらく根を詰めて働いてきた新庄は、この時、メーシー百貨店で、日本で待つY子さんに人形のプレゼントを買ったり、ニューヨークの近郊を小旅行したり、あるいは市内ウォッチングでメトロポリタン美術館を見学したりと、つかの間の解放感を味わっていたのだ。留守宅や実家にも、また兄弟にも、まめまめしく絵葉書を書いている。多分、新庄にとってこの数週間のリフレッシュが、ニューヨーク滞在の唯一の息抜きの時間であったと思われる。

しかし、くつろぐ新庄の後にはFBI捜査官がピッタリと張りついていたことはいうまでもない。

市内散策で疲れた時には、フィフス・アベニューから南に五ブロック下がり四十二丁目に面したブライアント公園のベンチをよく利用していた。指定席のように、一日、一回は必ず座っていたという。ここはまた、在米日本大使館で対米諜報を統括する寺崎とのランデブー場所ともしていたようだ。FBI捜査官は遠巻きにしながら二人の動きを注視していたことだろう。

前掲の『機密戦争日誌』十五日の欄には「英米共同宣言」について触れてあった。新庄も、この「大西洋憲章」と呼ばれる共同宣言については、ベンチに座って読む新聞や週刊誌から情報を得ていたに違いない。

米英首脳会談は一九四一年八月十二日から三日間、大西洋上のニューファンドランド島プレセンティア湾内で行われた。いわゆる「ルーズベルト＝チャーチル会談」である。この時期の直前には米英が日本軍の南部仏印進駐に対する制裁として「国内の日本資産の凍結」を行っている。また、ルーズベルトの「仏印中立化案」に対して、日本は次のような回答を八月六日に提出していた。

〈一　日本は仏印以外に軍隊を進める意図はなく、仏印からは支那事変解決後撤兵する。

二　日本はフィリッピンの中立を保障する。
三　米国は南西太平洋地域における対日軍事的措置を中止する。
四　米国は蘭印における日本の資源獲得に協力する。
五　米国は正常なる通商関係回復のために必要なる措置を速かに採る。
六　米国は日中直接商議の橋渡しをなし、撤兵後にも仏印における日本の特殊地位を容認する〉

続いて七日には、近衛とルーズベルトの日米首脳会談が日本側から提案された。それらを受けて開かれたルーズベルト＝チャーチル会談であった。

ここで十二日に「大西洋憲章」と呼ばれる共同宣言が採択されたわけだが、宣言文の中には、風評に反して対日警告は盛り込まれていなかった。とはいえ、この米英首脳会談が、南方に進出する日本と米英が如何に対決するかという戦略検討会であったことは紛れもない事実である。

この会談の成果を踏まえて、ルーズベルトは八月十七日、野村大使に対して口頭で次のような警告を発している。

〈もし日本政府が、すでに明らかに行なっている太平洋地域での武力による軍事的支配または征服の政策を遂行しようとして今後なんらかの手段をとるならば、米政府は、自国の安全に必要と思われる一切のいかなる性質の手段をも、たとえアメリカのそうした手段が両国間の紛争を結果するかも知れない可能性があっても、直ちにとらざるをえないであろう〉（『太平洋戦争への道』）

日本に対するかなり強いメッセージであった。後に、大統領ブレーンの一人、スチムソン陸軍長官はルーズベルト大統領の、この対日警告を評して「日本に対する最後通牒に等しい内容だ」と語っている。

一方、チャーチルの思惑はまた違った。「日本軍の南部仏印進駐を理由にして米国を対日戦に踏み切らせ、東南アジアにおける英領、蘭領への日本軍の攻撃に対して米英蘭が連合軍を組む」ことに狙いがあったといえる。

後年（四二年一月二十七日）チャーチルは、議会で「米国は、自分自身が攻撃を受けずとも、極東における戦争に参戦し、もって勝利を確実なものとする。それについて、大西洋会談でルーズベルトと協議した」と、ルーズベルトが大西洋会談で対日参戦を示唆したと受け取れる演説をしていた。この演説の内容から推測すれば両者の間に、対日戦について何らかの密約があったことは、決して誤った解釈ではなかろう。ともあれ、大西洋会談はチャーチルが意図した米国の対日参戦への誘導が見事に成功する引き金となった。この会談の後、米英は着々と対日包囲網を形成してゆく。

米英の対日包囲網のテンションを、ニューヨークにいて、直接、肌で感じていたのは他ならぬ新庄自身であったろう。しかしその新庄の許に、岩畔が持ち帰った第一次報告書の回答が届いたという報は、いくら待っても来なかった。

やがて、参謀本部第二部からの指示がもたらされた。

「調査続行」。

報告書の内容についてなど何も触れられておらず、実に事務的な指示のみであった。加えて、新庄への新たな辞令が届いていた。八月一日付をもって「陸軍駐在員」を解き、「大使館武官府付」を命じたものであった。しかし、新庄の勤務地はワシントンではなく、引き続きニューヨークであった。

さすがに命の洗濯にも飽きた新庄は、また、元の通常の仕事に戻っていった。苛立ち、あきらめとともに。

「新庄さんは、八月になるとあまり支店には顔を出さなくなりました。おそらく、心血を注いで作りあげた報告が、東京では評価されなかったことに苛立っていたんでしょう。新庄さんの机の上はきれいに整理されてしまい、新たな資料が置かれることはありませんでしたから……」

前出の、新庄の片腕となって働いた三井物産ニューヨーク駐在員の古崎は、この時の新庄の様子をこう語ってくれた。

「苛立ち」とは、岩畔大佐が東京で報告した第一次報告書の反応がなかったことに対する苛立ちであったのは間違いないだろう。身分が「武官府付」に変わったことも、新庄のやる気をそいだと考えられる。

またこの頃から、寺崎とのランデブー回数も減ってきたと考えられる。それは寺崎側に事情があったからであった。その事情とは、松岡の外務大臣辞職が影響していた。それまで熱心に寺崎にエールを送ってくれていた近衛も手のひらを返したように冷たくなっていた。近衛の豹変ぶりも、米国スパイ・ネットワークを作っていた寺崎に微妙な影を落としていた。

支店に出勤する回数が少なくなったとはいえ、新庄は情報を集めては一週間に一度の割りで個室に一人きりで籠り、統計機を使って数字の分析をしていた。

残念ながら、この頃の新庄の具体的な仕事内容については、古崎もほとんど覚えがないという。それよりも支店で顔を合わせることすらめったになくなってしまったそうだ。

この時期の新庄の動静を明らかにする資料や証言は皆無である。行動を追跡することができないのだが、唯一つ、新庄の動きを垣間見ることができるものがあった。先にも触れた、実弟の芦田完宛てに書いた二枚目の絵葉書である。文面には、「夜汽車を利用して寝台の中で資料をまとめた。ワシントンでの会議は毎日のようにある」と記されていた。

新庄がワシントンに出張する回数は多くなっていたようだ。

そして体調を崩し始めたのもこの頃からであった。気持ちが沈んでいるところに、無理な出張が身体にこたえたのかもしれない。

ニューヨークの暑い夏も盛りを過ぎ、はや九月となっていた。

九月といえば、東京では対米戦の決意を表明した御前会議が開かれていた時期でもあった。

「対米英蘭戦を辞せず」

九月六日午前十時、この年、二回目の御前会議が、七月二日の前回と同じ宮中「東一ノ間」で開かれた。陪席者は第三次近衛内閣の閣僚と統帥部を代表して陸海軍総長と次長。それに、説明員として陸海軍軍務局長。オブザーバーとして枢密院議長と内閣書記官長の十五人が出席した。この時期の御前会議は、第一回目の前回とは違い、世間ではあまり大騒ぎされなかったようである。例えば東京日日新聞の夕刊を見ると、トップニュースは独ソ戦の記事で埋まっており、日本の運命を決めた御前会議に関する記事は一行も掲載されていない。

九月六日に開かれた御前会議は、「帝国国策遂行要領成案の允裁《いんさい》（承認）を頂くため」のものであった。

初めに総理の全体説明があり、続いて両総長の統帥事項に関する陳述、そして外相説明、最後に企画院総裁が国内判断の概況説明という経過で行われた。

一時間にわたる所管事項の説明が終わった後に、原嘉道《はらよしみち》枢密院議長が、改めて杉山元《はじめ》陸軍参謀総長、永野修身《ながのおさみ》海軍軍令部総長の両総長に「戦争か外交か」の説明を求めた。しかし、両総長は発言せず、代わって及川古志郎《おいかわこしろう》海軍大臣が「第一項の戦争準備と第二項の外交とは軽重《けいちょう》はなし。而して第三項（対米英蘭戦を辞せず）を決意するのは廟議《びょうぎ》で允裁を戴《いただ》くことになる」と発言した。

その後、原は主旨を理解したと確認し、「お話により本案の趣旨は明らかとなれり。本案は政府統帥部の連絡会議で定まりしこと故、統帥部も海軍大臣の答（考え）と同じと信じて自分は安心しました。尚、近衛首相が訪米（日米首脳会談）の際には主旨として戦争準備をやっておくか、出来るだけ外交をやるという考えで、何とかして外交により国交調整（日米関係）をやるという気持ちが必要である。どうか本案の御裁定になったら首相の訪米使命に適する様に、且つ日米最悪の事態を免がるよう御協力を願う」（以上、杉山元による『杉山メモ』より抜粋）と、外交交渉に期待する意見を述べ、天皇の代理人としての言葉を終えた。

だが、この第二回御前会議が終わった直後、天皇は異例の意思表明をしている。意思表明といっても、それは、明治天皇の御製《ぎよせい》（和歌）を詠んでご自分の気持ちを表わしたものであった。

四方《よも》の海みなはらからと思ふ世に
　など波風の立ちさわぐらむ

御製を読みあげた後に、天皇はさらにお言葉を発した。

「余は恒《つね》にこの御製を拝誦《はいしょう》して故大帝の平和愛好の御精神を紹述しようと努めていたものである」

このような異例ともいえる天皇発言があったとはいえ、成案を拘束するものではなかった。天皇は允裁を与えて会議は正午に終了している。ここに、日本は「対米英蘭戦を辞せず」の重要国策を御前会議で決して、全ての手続きを二時間で終えたのであった。

この時の天皇発言が、「対米英蘭戦を決意した日本の重要国策を変える唯一の機会であった」と、後日、関係者は述懐している。だが逆にいえば、御前会議のシステムは、たとえ天皇といえども事前に大本営政府連絡会議で決定した案件に対して「可否」の態度表明はできなかったともいえるのである。

御前会議の内容はワシントンの武官室には報告されていたものの、大使館には伝えられてはいなかった。

新庄も、この九月六日の御前会議で決した「対米英蘭戦を辞せず」という重要国策について、この時点では情報を得る機会はなかったと推察する。それは、ワシントンでの会議に出席していた新庄といえども、武官室から与えられる情報は限られたものであったからだ。寺崎ですら、東京から大使館に情報が届いていなかったわけだから、御前会議の決議を知るよしもなかったはずである。

それより寺崎は、この時期、いくつかの懸案を抱えていた。ワシントンに腰を落ち着けてはおれず、パナマ、ブラジル、アルゼンチン、ペルー、チリなど南米諸国を、度々、訪ねている。各国の公館長と協議するという名目だったが、どうやら実際は南米諸国に諜報組織を構築するためであった。それにもう一つ、もっぱら寺崎の関心は米国の〝A

FC〟、「孤立主義を唱道していた米国人一千万人の会員を擁する」組織への工作に向いていた。そのために南米から戻ると、寺崎はAFCの二大拠点であるニューヨーク、シカゴにと始終飛び回っていたのである。

間遠になっていた新庄とのランデブーも、全くなされなくなっていたようだ。浅井氏の論考をはじめ、新庄と寺崎の関係を類推できる拠りどころの資料が、これ以降プッツリと途切れてしまう。実際に二人の接触が全くなされなくなったかどうか、断言はできないのだが、新庄と寺崎の関わりについては、ひとまずここで断ち切らざるをえない。

開戦すれば日本は負ける!

「調査続行」を参謀本部から命ぜられていた新庄は、調査に行き詰まったせいなのか、それとも体調不良から調査を中断せざるをえなかったのか、第二次報告書を起草した形跡は全くなかった。

空白の二カ月を解き明かす材料はなく、次に新庄の顔がはっきり見えてくるのは、セントラル・パークの樹々が葉を落とし始めた十月のこと。ニューヨークを離れる寸前であった。

新庄がニューヨークを離れたのは四一年十月五日、それ以降はワシントンの武官府詰めとなっている。

いよいよニューヨークを離れる前日に、新庄は支店の社員全員を日本倶楽部に招待して、ディナーを催し慰労したのである。その時、自ら短いスピーチをしていた。

古崎は、その様子をはっきりと覚えていた。

「わざわざ支店の社員全員を集めて、新庄さんがあの時、講演したのは、調査の結論を話したかったんですね。日米の国力差は〝一対二〇〟だと、確信のある言葉で朗々と述べていました。その数字の根拠はわれわれもデータ集計でお手伝いしていたので理解できました。

しかし驚いたのは、それらのデータを基に、その場ではっきりと、〝開戦すれば日本は負ける〟と、いきなりぶったんです。軍人の新庄さんがですよ。思わず、瞬間、出席者の全員が凍り付いてしまいました」

主計将校とはいえ、新庄は現役の陸軍軍人である。それも、大佐という高級将校であった。社員の大半は新庄の仕事を理解していたわけではないだろう。支店の個室に、二人の社員の補助者がついての非日常の業務である。パートやアルバイトで働いている米国人も数十人はいたというから、新庄の仕事に関心を持っていたのは日本人だけではなかったはず。おそらくFBIの連中も新庄のスピーチは聞いていたであろう。

しかし、新庄の信念は「数字に裏打ちされた」揺るぎない事実であった。みな、驚かなかったことがあろうか。

このディナーがお開きになった後、古崎は初めて新庄に酒を飲みに誘われたという。東京亭近くのカウンターバーであった。

「その時、新庄さんがさかんに口にしていた言葉を、今でも鮮明に覚えていますよ。〝数字は嘘をつかないが、嘘が数字をつくる〟と……」

珍しくその時、新庄はだいぶ酔っていた。そして、表情は見たことがないほど寂しげだったという。

古崎が新庄の顔を見たのは、それが最後となった。

第五章　謎の死

ワシントン着任

六カ月間生活したオルリーヌ・マンション。八階の部屋から見下ろすセントラル・パークのメイプルの樹々はすっかり黄色く色づいていた。

ベッドメイクや部屋の掃除は通いのメイドに任せていたようで、室内はきちっと片づけられていた。新庄の所持品といえばわずかなもので、トランク二個に収まるほどの量であった。

おそらく、この部屋にも〝バグ〟と称する小型の盗聴マイクが仕掛けられていたのではないかと想像できる。警備員やメイドがＦＢＩに協力していたとしても、驚くことではない。市民は日本人を〝ジャップ〟と呼んで蔑んでいた時代だ。商社マンという肩書きの新庄といえども、周囲の米国人には〝ジャップ〟に変わりはなかった。

新庄がニューヨークを後にしたのは、午後の列車であった。通い慣れたニューヨーク－ワシントン間である。ペン・ステーションの地下ホームには、三井物産ニューヨーク支店駐在員の春見と吉田支店長の二人が見送りに来ていた。新庄の手荷物はトランク二個だけである。

六カ月過ごしたニューヨークの街を、新庄はどんな感慨で思い出していたのだろうか。新庄の心境は想像するしかない。

今日では同区間を、アムトラックが運行する特急のメトロライナーが三時間で結んでいる。しかし新庄が利用した時代は、特急の蒸気機関車で約五時間かかった。

新庄が乗車したエンパイア・ビルダー号は、午後一時にペン・ステーションを発車している。ワシントンに午後六時に着く予定だ。

次の停車駅はフィラデルフィアである。フィラデルフィアに着いた頃、疲労をにじませたコーチ席の新庄はすっかり寝息を立てていた。目覚めたのはチェサピーク湾沿いのボルチモア辺りであった。

エンパイア・ビルダー号は十分遅れでユニオン・ステーションの地上ホームに到着した。出迎えに来ていたのは武官補佐官の少佐一人であった。

新庄たちは、早速、車で二十分ほどの、武官府が置かれているアルバンタワーに向かった。このアルバンタワーは一部が居住用にもなっていて、武官府に勤める軍人たちもマンションを宿舎として使っていた。新庄も、この夜からマンション暮らしを始めている。

かくして十月五日午後六時四十分、新庄は正式に武官府付としてワシントンに着任した。

新庄の実弟、芦田完は、この頃の新庄の仕事の様子を次のように回想している。

〈アメリカの経済の実態調査、あらゆる出先機関を利用して、アメリカの貯蔵物資の状態や、軍需品の生産能力を把握し、本国陸軍省、参謀本部、大本営に通報し、野村、来栖両大使の対米交渉の参考にも供することであった。（中略）

やはり経済財政的に見て日米戦にはわが方に利なしとして、これを大本営、参謀本

部に進言しようと努力した〉（『両丹日日新聞』昭和四十八年五月二十二、二十四日）
新庄は、なおも本省に調査レポートを送り続けていたことがわかる。きっと随時、経過報告のような形で武官府から暗号電報で送っていたのだろう。
だが、新庄の体調はますます悪化していく一方だった。
芦田は続いてこうも記していた。
〈十一月の初め頃に、感冒《かんぼう》にかかったらしく、同僚からしきりに休養を勧められたが、当時の情況はこれを許さず、その忠告をおし切って任務を遂行しているうち下旬に病状が悪化したのであった〉（同前五月十九日）
芦田は新庄が「感冒に罹《かか》り、病状が悪化した」と書いているが、感冒以外のもっと重篤な病気も併発していたようだ。

迫り来る日米開戦

新庄が病を押して調査を続行していた頃、東京はどんな情勢であったのだろうか。
九月に決した「対米英蘭戦を辞せず」を受け、陸軍の総意は開戦で固まっていた。すでに圧倒的な影響力を持つ陸軍に、刃向かえる者など誰もいなかった。

　十月十二日には近衛総理の私邸・荻外荘《てきがいそう》で五相会談が開かれている。出席者は東条陸相、及川海相、豊田外相、鈴木企画院総裁、それに近衛総理であった。はじめこの五相会談は、和戦を決める重要な会談であった。にもかかわらず、陸相は総理に対して、御前会議を尊重しないのは背信ではないのかと詰め寄った。だが、お互い「支那駐兵問題」は絶対に譲歩できぬと、意見が対立したまま会談は終わった。

　近衛はこの五相会談の四日後に内閣総辞職を決めることになる。その間の動きを内閣書記官長の富田健治は自著『敗戦日本の内側』（古今書院）で、こう書いている。

〈越えて十月十四日、近衛総理は閣議前、東条陸相を招いて二十分間懇談したのであるが、諒解《りようかい》を得られず、あまつさえ、その閣議の席上、突然強硬な発言を陸相がなすに及んで、事態は愈々《いよいよ》急迫し、更に十四日夜、東条陸相が鈴木企画院総裁を使いとして、近衛公に対し、東久邇宮殿下以外にこの時局を収拾し得る方はないと示唆してくるに及び、遂に十六日近衛総理は、総辞職の挙に出ることとなったのである〉

『機密戦争日誌』の十月十六日の項には、次のように記されている。

〈五、夕刻ニ至リ遂ニ内閣総辞職トナルニ至ル　近衛総理決心ツカザルハ一ニ海軍ノ態度煮エ切ラザルニ因《よ》ル　海相明確ニ態度ヲ表明セバ総《す》ベテハ決ス　可カ否カ一ニ海相ノ一言ニ依ツテ決ス　然《しか》ルニ海相ハ不能ト云ハズ能ト云ハズ　海軍ニハ海軍アツテ国家アルヲ知ラズ〉

陸軍統帥部は、海軍の開戦に対する態度が不明確なことに苛立ち、この時期に至っても陸海軍の足並みがそろった作戦計画が立てられない原因は、海軍にあると批判している。

近衛は最後まで日米交渉に期待を寄せていた。しかし九月三日の日米首脳会談拒否回答と六月に米国から発せられた「四原則」を含むオーラル・ステートメントの回答で、日米交渉は事実上、決裂していた。

結局、近衛は東条の主戦論を押さえることができず、内閣の意見不一致の責任を取り総辞職に至ったのである。

十月十八日。近衛の後継首班に東条陸相が指名された。戦争内閣の発足である。

『ニューズウィーク』十月二十七日号では、東条首相誕生について "Man With Spurs"

（直訳すれば、拍車をかける男）と題し、報じている。

〈この日はまた、別の意味で日本史上に残る日ともなった。公然たる内部抗争によって、近衛内閣が総辞職したのである。病弱で精彩を欠く近衛文麿に代わって、東条英機大将が首相の座に就いた。（中略）東条は首相のほかに陸軍大臣と内務大臣を兼任する。その他のポストには、近衛内閣に加わっていた自由主義者や独立主義者に代えて、強力な国家主義思想の持ち主たちを選んだ。

（中略）面子を守るために譲歩を続けた近衛内閣を継承するのか、あるいは決定的な行動に出るのか――それが、東条内閣に残された疑問である。東条やその閣僚の性格からすれば、行動に出る感じが強い〉

新庄もきっとこの記事は読んでいたはずである。

「開戦ノ翌日宣戦ヲ布告ス」

四一年十一月、陸海軍統帥部は、連日、会議を開いて対米戦に向けて戦争準備の作業に入っていった。

そんなこととは露知らず、ワシントン市内は、例年通り市内のデパートに早々とクリスマスの電飾が飾られ始め、道往く市民の目を楽しませていた。

十一月二十日、野村、来栖両大使は外務省の訓令に基づき、日本の暫定《ざんてい》協定案ともいうべき「乙案《おつあん》」をコーデル・ハル国務長官に手交していた。

前年四月から始まった日米交渉は、何ら期待できる成果もないままに最終ラウンドを迎えていた。

〈一　日米両国政府ハ孰《いず》レモ仏印以外ノ南東亜細亜《アジア》及南太平洋地域ニ武力的進出ヲ行ハサルコトヲ確約ス

二　日米両国政府ハ蘭領印度ニ於テ其必要トスル物資ノ獲得カ保障セラルル様《よう》相互ニ協力スルモノトス

三　日米両国政府ハ相互ニ通商関係ヲ資金凍結前ノ状態ニ復帰スヘシ　米国政府ハ所要ノ石油ノ対日供給ヲ約ス

四　米国政府ハ日支両国ノ和平ニ関スル努力ニ支障ヲ与フルカ如キ行動ニ出テサルヘシ〉

野村はワシントン着任以来、ルーズベルト大統領と九回、ハルとは五十回にも及ぶ会談を続けてきた。乙案は日本政府が、最大限譲歩した内容であった。この乙案こそ事実上、日本政府の米国政府に対する最終回答ともいうべき内容の協定案であった。

しかしハルは、この乙案を次のように解釈していた。

〈この日は感謝祭日だったが、野村と来栖は私に日本政府の新しい提案を手渡した。これは非常に極端な内容のものだったが、われわれは電報の傍受（暗号を解読したマジック情報）によってこれが日本の最終的な提案であることを知っていた。それは最後通告だった。日本の提案は途方もないものであった。米国政府の責任ある官吏はだれひとりとしてこれを受諾しようなどとは思いそうもないものだったが、私はあまり強い反応を見せて日本側に交渉打切りの口実を与えるようなことになってはいけないと思った〉（『ハル回顧録』中公文庫）

乙案を読み終えたハルは、野村と来栖を交互に見やりながら「内容はさらに検討したいので、回答は後日（二十六日）手交する」と、言葉少なに語り、二人と握手を交わすとドアのところまで見送った。

そして、ハルのいう「二十六日の回答」が、日米戦の引き金になる、いわゆる米国から日本への「ハル・ノート」という最後通牒であった。

〈一、中国およびインドシナ（仏印）からの日本軍および警察の完全撤退

二、日米両国政府は中国において重慶（蔣介石）政権以外の政権を認めない

三、日米両国政府は中国における一切の治外法権を放棄する

四、第三国と締結した協定を太平洋地域の平和保持に衝突する方向に発動しない〉

東京がハル・ノートを接受したのは翌日の二十七日午前八時であった。早速、同日の午後二時から、緊急の連絡会議が開かれ、米国の回答が検討された。

東条英機はメモに次のように記している。

〈十一月二十六日の米国の覚書は、あきらかに日本に対する最後通牒である

この覚書は、わが国としては受諾することはできない、かつ米国は、右条項は日本の受諾し得ざることを知りてなおこれを通知して来ている、しかもそれは、関係国と緊密な了解の上になされている

以上のことより判断し、また最近の情勢ことに日本にたいする措置言動並びにこれ

より生ずる推論よりして、米国側においてはすでに対日戦争の決心をなしているものの如くである〉（『太平洋戦争への道』）

二時から開かれた緊急連絡会議では、十二月一日の御前会議に提案する「対米英蘭戦」を決する実質的な国家意思が確認されている。

〈宣戦ニ関スル事務手続順序ニ付テ

宣戦ニ関スル事務手続順序概《おおむ》ネ左ノ如シ

第一　連絡会議ニ於テ、戦争開始ノ国家意思ヲ決定スヘキ御前会議議題案ヲ決定ス。（十二月一日閣議前）

第二　連絡会議ニ於テ決定シタル御前会議議題案ヲ更ニ閣議決定ス。（十二月一日午前）

第三　御前会議ニ於テ、戦争開始ノ国家意思ヲ決定ス。（十二月一日午後）

第四　Y（X＋1）日宣戦布告ノ件閣議決定ヲ経、枢密院ニ御諮詢《ごしじゅん》ヲ奏請《そうせい》ス。

第五　左ノ諸件ニ付閣議決定ヲ為ス。

一　宣戦布告ノ件枢密院議決上奏後、同院上奏ノ通裁可奏請ノ件。（裁可）

一　宣戦布告ニ関スル政府声明ノ件。
一　交戦状態ニ入リタル時期ヲ明示スル為ノ内閣告示ノ件。
一　「時局ノ経過　竝《ならびに》 政府ノ執リタル措置綱要」ニ付発表各庁宛通牒ノ件。
第六　左ノ諸件ハ同時ニ実施ス。
一　宣戦布告ノ詔書公布。
一　宣戦布告ニ関スル政府声明発表。
一　交戦状態ニ入リタル時期ヲ明示スル為ノ内閣告示。
一　「時局ノ経過竝政府ノ執リタル措置綱要」ニ付発表各庁宛通牒。（宣戦布告ノ直後ニ発スルモ可ナルヘシ）〉（『杉山メモ』）
戦争指導班も連絡会議で決した最高機密を、同日の『機密戦争日誌』に記録した。

〈一、連絡会議開催　対米交渉不成立　大勢ヲ制シ今後開戦ニ至ル迄ノ諸般ノ手順ニ就《つ》キ審議決定ス
1、十二月一日御前会議ニ於テ国家ノ最高意志決定事前ニ連絡会議及閣議ヲ開ク
2、十一月二十九日重臣（総理経験者の清浦奎吾、若槻礼次郎、岡田啓介、広田弘毅、林

銑十郎、阿部信行、米内光政）ヲ宮中ニ招キ総理之ト懇談ス（中略）

3、開戦ノ翌日宣戦ヲ布告ス　宣戦ノ布告ハ宣戦ノ詔書ニ依リ公布ス

右ヲ枢密院ニ御諮詢アラセラル日時ハ機密保持上布告ノ日トスルコトトス

二、果然米武官ヨリ来電　米文書ヲ以テ回答ス全ク絶望ナリト　曰ク

1、四原則ノ無条件承認

2、支那及仏印ヨリノ全面撤兵

3、国民政府ノ否認

4、三国同盟ノ空文化

米ノ回答全ク高圧的ナリ　而モ意図極メテ明確　九国条約（一九二一年十一月から二二年二月にワシントンで開かれた国際会議で結ばれた九条。参加国は日、米、英、仏、伊、オランダ、ベルギー、ポルトガル、中国の九カ国。このワシントン会議では、中国の主権、独立、領土保全などについて協議し、米国の対中国政策である門戸開放主義を承認させた）ノ再確認是ナリ　対極東政策ニ何等変更ヲ加フルノ誠意全クナシ　交渉ハ勿論決裂ナリ　之ニテ帝国ノ開戦決意ハ踏切リ容易トナレリ芽出度《めでたし》〳〵　之レ天佑《てんゆう》トモ云フベシ　之ニ依リ国民ノ腹モ堅

マルベシ　国論モ一致シ易カルベシ〉

統帥部が、日米交渉決裂という事態を歓迎している様がよくわかる。

ところで、同書の「一の3」の文言「開戦ノ翌日宣戦ヲ布告ス　宣戦ノ布告ハ宣戦ノ詔書ニ依リ公布ス」とあるのに、改めて注目してみたい。

この連絡会議までは、軍統帥部は宣戦布告なしの不意討ちを目論んでいたことが確かにわかろう。しかし会議での決定事項が御前会議で報告され、天皇の知るところとなるや、天皇はすぐさま東条を呼びつけ「最後まで手続きに沿って進めるように」と強く言い含めていた。

しかし、私は第二章で「東条のトリック」と称し、論じてみたように、東条は開戦前日の十二月七日（日本時間）に、森山法制局長官と堀江枢密院書記官長、それと星野内閣書記官長の三人を呼んで宣戦布告の時間について話しあっている。そしてその時、東条は「夜討ち朝駆け」が兵法の理と剣道をたとえにして語っていた。

あくまで仮説として、軍政のトップ陸軍大臣を兼任していた東条が、あえて天皇の意に背き、統帥部に「宣戦布告の遅れ」があることを事前に承知させていたとしても、考えられないことではあるまい……。

囁かれる謀殺説

体調を崩しながらも、ワシントンの武官府でなお精力的に米国の国力分析を続けていた新庄は、いったいどれだけ日本の動きを捉えていたのだろうか。

しかし残念ながら、この頃の新庄はとても情報収集ができるような状態ではなかった。患っていた感冒は一向に好転せず、さすがの新庄もベッドから起き上がることもできなくなっていた。

ポトマック川、北西の丘の上に建つジョージタウン大学付属病院に緊急入院したのは、十一月に入って間もない頃だった。

十一月も半ばを過ぎると、ワシントン市内はクリスマスのイルミネーション一色となる。病院にもクリスマス・ツリーが飾られ、普段とは違った、華やいだ雰囲気に包まれていた。新庄の病室には大使館員も見舞いに訪れていたという。寺崎も新庄の緊急入院は知っていたはず。病室にも顔は出していたことだろう。

だが、そうした見舞いのかいもなく、病魔の進行は早かった。入院してわずか一月足らずで危篤に陥る。そして十二月四日、永眠。四十四年の生涯を閉じた。図らずも、東京で日本の最高機密が決された四日後に亡くなっていた。滞米日数、二百六十日。それは短く駆け抜けた時間だった。

病状は、前掲した『陸軍主計団記事』によると、「右胸膜の尖端並に右胸葉上部に膿の溜るものなりしが如く」とあり、死亡時間は「午後三時五分」と記されてあった。おそらく肋膜炎《ろくまくえん》が悪化したものと思われる。

しかし、新庄の死には謎がつきまとう。

新庄が前任地のニューヨークを離れて、ワシントンの武官府に引き上げてきたのが十月五日。

肋膜を病んでいた新庄は十一月に入ると、ジョージタウン大学付属病院に緊急入院した。だが、手当てのかいなく十二月四日に息を引き取っている。あまりにもあっけない死であった。

今でも新庄を慕う、陸軍経理学校同窓会の若松会会員の間では、新庄の病死に疑問を持つ者が何人もいた。新庄の死は実は何者かの仕業ではないかという、謀殺説まで囁かれていた。

同じく『陸軍主計団記事』には、

〈平素心身共に極めて頑健なりしを以て異境の地に於て急逝せらるるが如きは全く夢想だにせざりし所なり〉

とある。彼の死そのものが些か疑問の残る突然の出来事であったことを示唆しているようにも読める。

新庄の遺骨が日本に還ってきた時から関係者の間では、「新庄は入院中に一服盛られて病死として処理された」という噂も、まことしやかに広がっていた。

拒否されたカルテの公開

確かに新庄は〝エスピオナージ〟として、その行動を龍田丸でハワイに寄港した時からＦＢＩに常に監視されていた。しかし、新庄健吉が参謀本部から命じられた任務は

「米国の国力調査」、あくまで公開情報が総てであった。「数字のスパイ」といわれるゆえんである。それとも、何か深い理由でもあったというのだろうか。

私はワシントンDCを取材した際に、ジョージタウン大学付属病院も訪ねていた。ジョージタウン大学付属病院は、十九世紀に設立された由緒正しき総合病院である。早い時期から管理体制も整っていたはず、あるいは新庄健吉のカルテも残されているのではないか。カルテが見つかれば、新庄の確かな死因もわかる。

私はかすかな期待を抱いていた。

付属病院は戦後、何度か増改築を繰り返しているので、戦前の面影はほとんど残っていなかった。病院職員や外来患者、それに病院内を行き交う患者を見ていると大半が白人と黒人で、東洋人を見ることはほとんどなかった。おそらく、戦前など、東洋人の患者は皆無に近かったことだろう。

私は、病院のカルテ管理センターに事情を説明し、太平洋戦争開始直前に入院していた新庄のカルテを見たいと申し入れた。

応対に出た若い黒人の女性係員は事務的な口調で、「あるかないかはわからないが、とりあえず申請書を書け」という。何とか英語で申請書を書き、提出すると、「三日後に、また来い」とのこと。

いわれた通り三日後、私は病院を再訪した。すると最初の時と係員の雰囲気が何か違っていた。

事務的な様子から一変し、「おまえはジャーナリストといっていたが、どうしてこの男のことを知りたがるのだ？」「この人物との関係は何だ？」などと、私を質問攻めにしてくる。

そして結局は、「親族でない者には、プライバシー保護の理由からカルテは見せられないことになっている」という。「カルテが残されているかどうかも、返答できない」とにべもない。

せめて、当時、病院にいた人物を紹介してもらえないかと尋ねると、「それにも一切答えられない」という。

あくまで私の感触であるが、新庄のカルテは保存されているように思えた。そして、カルテを出せない何かの理由があるようにも勘ぐれてしまったのだが……。

野村大使と無言の帰国

ワシントンでの新庄の葬儀には多くの会葬者が集まった。新庄の実家に「米国日本大使館での葬儀」と表記された式次第が残されていた。

〈日時　昭和十六年十二月八日
花輪贈呈者　二十七名
陸軍大臣、参謀総長、野村大使、来栖大使、森島総領事、磯田武官、横山武官
三井　三菱　正金　日銀　住友　外各界代表者　米軍将校等
香料　西川政一　渡辺康策
会葬者　多数
弔電　多数〉（私家版『新庄健吉追憶記』より）

大臣、総長から花輪が贈られていたのは、亡くなった日に陸軍武官府から陸軍省と参謀本部に電報が打たれたからであった。民間からの花輪も錚々《そうそう》たるものである。いかに新庄がニューヨーク時代に幅広く交友関係を作っていたかがわかる。また米軍将校から

贈られたものまであった。

葬儀の様子を、今一度、東京朝日新聞ニューヨーク支局の中野五郎が書いた『祖国に還へる』から引用してみる。

〈米人牧師の聖書の読誦が終わると、ニューヨークの仏教会の布教師が黒い背広の上から法衣を纏い、数珠を繰りながら経文を朗々と誦し始めた。満場粛然として故人の冥福を祈る光景は全く劇的なものであった〉

そして中野は、式の終わった葬儀会場でラジオから流れてきた真珠湾奇襲攻撃の第一報を聞いたという。葬儀の最中に、日米開戦はなされていたのだ。だが、葬儀は中断されることなく続いた……。

真珠湾攻撃の第一報がもたらされたその時のワシントン市内の様子はどうであったのか。前掲の同盟通信ワシントン支局長、加藤萬寿男は次のように書いている。

〈静かな日曜日の午前が平常と変らず過ぎた。ワシントンではその日の午後二時過ぎ行はれるシーズン最後の職業鎧球《がいきゆう》試合――アメリカでは鎧球と云はれるアメリカ式フット・ボールがスポーツの王座を占めるものである――が興味の中心となつてゐた。

陸海軍両省を含む米政府の役人の多くもその試合を見に行つてゐた。無論右試合はラヂオで放送され多くの市民がその放送に聴き入つてゐた〉(『敵国アメリカ』同盟通信社)
記述を読むかぎり、当日の市民はアメリカン・フットボールの試合に夢中になっていたようで、真珠湾攻撃について即座には知らなかったようである。だが、午後三時を過ぎる頃から、市民の間にも戦争のニュースが伝わっていった。続けて加藤の著書を引用する。
〈(在米日本)大使館の門は閉ぢられてゐたが、門前に数名の新聞社の写真班がゐたのみで、物々しい光景はなかつた。日曜日でもあり街にはまだ号外なども出てゐなかつたので、ラヂオを聴いた者のみが開戦を知つただけで、一般に知れ亘る迄にはそれからまだ時を要した。
然しながら一時間余り大使館にゐて外に出た時にはもう大分外の様子が変つてゐた。大使館前には群衆が次第に数を増した。大使館では焼き残してあつた最後の書類を裏庭で焼いてゐたが、その煙が高く空に立ちのぼるのを見て群衆は喚声をあげてゐた〉
では、同日、ニューヨークでの様子はどうであったのか。

この日、ニューヨークはワシントンと違い、天候は朝から雲が低く垂れ込めて摩天楼には霙《みぞれ》混じりの冷たい雨が吹きつけていた。

真珠湾攻撃を受け、ルーズベルト大統領は間もなく議会を開き、対日戦を宣言している。すると夕方には、ニューヨークの官憲が在留邦人を次々と検束していった。

七日に検束された人物だけでも、

「日本郵船（田岡、島崎、上原、西村）三井（今井、中尾、香川、星野、内田、矢野、関）三菱（井上、寺尾、辻）正金（元吉）住友（佐藤）貿易斡旋所（渡辺、富永）商工会議所（小花）日本人会（中野、片岡、笠井、疋田）新世界朝日（阿部）同盟（秋山）其の他（藤井、犬山、扇谷）」（同前）

と、二十八名にも達している。検束は翌日以降も続けられた。もちろん同盟国のドイツ、イタリアの外交官、民間人も敵性外国人として検束されていた。

敵性外国人が送られた先は、ニューヨーク湾内にあるエリス島の拘禁施設であった。リストにある「三井」、即ち三井物産からはもっとも多くの者が拘束されている。この中には、新庄の仕事をサポートしていた春見も含まれていた。幸い、古崎の名は見つからなかった。開戦前に日本に帰国しており、エリス島に抑留されることなくすんだのだ。ちなみに「三菱」は三菱商事のこと、「正金」は横浜正金銀行、「住友」は住友銀行、「貿易斡旋所」は商工省の出先機関のことであった。

ニューヨークの総領事館も混乱の極みにあった。総領事の森島守人《もりしまもりと》は、戦後の自著『真珠湾・リスボン・東京』（岩波新書）でこう書いている。

〈三六階にあった総領事館の事務所の前の廊下は、新聞記者と写真班とで身動きもならない状態で、私に対する面会の要求には、ワシントンへ出張中との口実で、逃げたが退散する模様もなかった。（中略）その夜は一晩中商社や新聞関係の人々が、次々とエリス・アイランドの移民収容所に収容されているとの電話が、家族や知人から引っきりなしにかかり（後略）〉

総領事の森島は領事館に軟禁されてはいたが、比較的行動の自由は保障されていたようである。十二月中は、領事公邸のマンションで生活している。

新庄の遺体は、ワシントンで荼毘《だび》に付され、遺骨は日本大使館に安置されていた。

ワシントン、ニューヨークとそれぞれ検束されていた野村大使以下、寺崎など日本大使館の館員たち、それに森島総領事やニューヨークのビジネスマンたちは、十二月末、拘束地とされたバージニア州ホットスプリングスのホームステッド・ホテルで合流する。それから半年余り同地に抑留された。もちろん、新庄の遺骨も一緒であった。

拘束された一行が日本に向けて出発したのは開戦翌年の六月であった。ニューヨークからスウェーデン船に乗船して、途中、中立国のポルトガル領・東アフリカのロレンソマルケスで日本から配船されていた交換船の「浅間丸」に乗り換えた。およそ一カ月かけた航海の末、横浜港に到着したのは八月二十日。

そしてこの一行とともに、新庄の遺骨も持ち帰られたのであった。

死して三度、葬儀が行われる

新庄の葬儀は、東京でも壮大に行われた。遺骨帰還に先立つ八カ月前の十二月二十二日のことであった。参謀本部葬として芝の青松寺で行われている。

この時、式場には、たった一度だけ湯田中温泉で親子三人の時間を過ごすことのできた西田母娘も参列していた。新庄の娘であるY子さんは、当時の記憶をなぞって、葬儀の模様を語ってくれた。

「軍人さんやお役人が大勢来ていた記憶が残っています。境内には花輪もたくさん並び、式場には新庄さんの大きな額装の写真が飾られていました。次から次へといろんな人が焼香していました。私と母もその列に並び、新庄さんの写真の前で手を合わせたことを覚えています。祭壇に飾られた新庄さんの写真は、いつもの新庄さんと違って何だか怖い感じでした」

当日、式場には五百人もの会葬者が集まり、予定の二時間を過ぎても焼香者の列は途切れなかった。

悼辞を読んだ人には、大蔵大臣賀屋興宣《かやおきのり》をはじめ、陸軍経理局長の栗橋保正《くりはしやすまさ》主計中将、元支那派遣軍経理部長の大内球三郎主計中将らが名を連ねている。

新庄家に残された悼辞集の中から、新庄の故郷、中筋村の村長の悼辞を引用してみる。

〈我等ノ新庄大佐　我等ノ未来ノ新庄将軍トシテ村民一同ノ誇リトシ　名誉トシ　未来ヘノ絶大ナル希望　光明力トシテ限リナキ敬慕信頼オカザリシ所以〉

まさに故郷の誉れといった感じで追悼されている。

東京芝、青松寺でも参謀本部葬が行われた

新庄健吉は中筋村が生んだ名誉の軍人で、村民の誇りであったようだ。参謀本部葬が終わった後、村でもあらためて村民葬が行われている。新庄は死して三度の葬儀を行われたことになる。けだし希なことであろう。

死後、追贈された勲章は「旭日中綬章」であった。ただし、新庄の死は開戦前の病死なので「戦死」の扱いはなされなかった。

だが、私は思うのである。新庄がニューヨークで寝食を忘れて働いた百八十一日間という時間は「数字との闘い」であった。文字通り「戦死」であったのではなかろうかと。

死後、新庄の遺徳がいくら軍関係者から賞賛されたところで、生前、精魂込めて作り上げた米国の国力調査が戦争指導者に評価されることは最後までなかった。

「数字は嘘をつかない」

新庄は、開戦前、日米の国力差を一対二〇と見積もっていた。そして、日米戦の推移を、

〈日米両国の工業力の比率は、重工業において一対二〇。化学工業において一対三である。戦争がどのように進展するとしても、この差を縮めることが不可能とすれば、少なくとも、この比率は常時維持されなければならない。(中略)日本側の損害が若しそれ以上に達すれば、一対二〇ないし一対三の比率をもってする戦力の差は絶望的に拡大する〉

と、分析していた。予言通り、この数字はその後の戦況をみれば一目瞭然となった。日米の国力差は新庄の見積もりを遥かに超えて、日本は雪だるまが坂を転がるが如く崩壊へと向かっていく。

四一(昭和十六)年十一月の連絡会議から三年八カ月後、四五年八月九日は、朝から

最高戦争指導会議が開かれていた。

大日本帝国が国家存亡の危機に直面しているのは、もはや明らかであった。

当日のメンバーは鈴木貫太郎総理、東郷茂徳外相、阿南惟幾《あなみこれちか》陸相、米内光政海相、梅津美治郎《うめづよしじろう》参謀総長、豊田副武《とよだそえむ》軍令部総長の六人。会議は総理官邸の地下壕で開かれた。議案はポツダム宣言受諾の可否についてであった。議論は続いた。

しかし結果は、賛成＝鈴木、東郷、米内。反対＝阿南、梅津、豊田で三対三になり、結論が出ないままに散会となった。

続いて午後から、検討の場を閣議に移したが、ここでも賛成三、反対三で合意に達することができず、最後の決断は御前会議に委ねられることになった。

十四日は天皇の思し召しという形式をとり、合同の御前会議が宮中の地下壕に設けられた大本営付属室で開かれた。

これが最後の御前会議となった。

陪席したのは前出の六人の他に、政府側から司法大臣松阪広政、軍需大臣豊田貞次郎、厚生大臣岡田忠彦、大蔵大臣広瀬豊作、文部大臣太田耕造、農商大臣石黒忠篤《ただあつ》、内務大臣安倍源基、運輸大臣小日山直登、国務大臣桜井兵五郎、同左近司政三、同下村宏、同安井藤治、総合計画局長官池田純久、議会からは枢密院議長の平沼騏一郎《ひらぬまきいちろう》、幹事役として陸軍軍務局長吉積《よしづみ》正雄、海軍軍務局長保科善四郎《ほしなぜんしろう》、法制局長官村瀬直養、警視総監町村金五、内閣書記官長迫水久常《さこみずひさつね》の十九人が加わり、合計列席者は二十五名であった。

会議は各々の立場から意見の陳述があったが、最後に天皇が発言してポツダム宣言を受諾する旨「御聖断」が下された。

天皇が自らの気持ちを具体的な言葉、いわゆる「御諚《ごじょう》」で表明したのは、この時が初めてであった。

それは、対米開戦を決意した四一（昭和十六）年九月六日の戦争指導部の意見で全てが決せられていた時とは大きな異なりようであった。メンバー全員の合意が最高戦争指導会議でも得られず、また閣議でも紛糾し最後まで意見が対立したため、聖断という対処でまとめざるをえなかったのである。

こうして日本はポツダム宣言を受諾して、翌八月十五日に終戦を迎えた。

歴史の皮肉

終戦から間もなくの一九四五（昭和二十）年十月のこと。米国から背広姿の調査団一行が来日した。

彼らは米国政府が派遣した「日本の戦争経済力」の調査を目的とした専門家集団であった。後日、「戦略爆撃調査団報告」なるレポートをまとめている。調査内容は「工業、化学、農業、金融、財政、市民生活」など、多分野にわたる詳細なものであった。

レポートによると、日本のポテンシャルについては、こんな風に書かれていた。

〈日本の経済的戦争能力は限定された範囲で短期戦を支え得たにすぎなかった。蓄積された武器や石油、船舶を投じてまだ動員の完了していない敵に対し痛打を浴せることは出来る。ただそれは一回限り可能だったのである。このユニークな攻撃が平和をもたらさないとき、日本の運命は既に定まっていた。その経済は合衆国の半分の強さをもつ敵との長期戦であっても、支えることは出来なかったのである〉

また、調査対象を広範囲に及ぼし、陸軍省に保存されていた資料も徹底的に分析していた。

当時、経理局の中堅将校だったA氏は調査団のメンバーに質疑応答されていた。

そこに興味深い一節を発見した。

〈――この米国の国力を調査したレポートは誰が作成したのか。日本の担当者はいったい誰であるか。

A氏　それは、新庄大佐である。

――これほど正確なデータをはじき出していたとは。米国では多額の費用をかけて、自国の軍事経済力を分析していたが、正直いって、この新庄レポートほど正確には分析できていなかった。……これほど立派なレポートがありながら、日本はどうして米国に宣戦したのか。

A氏　……〉（『若松』百八十二号）

新庄が岩畔大佐に託し、日本に持ち帰られていた新庄の「第一次報告書」は、戦時中、陸軍省に保存されていたのである。

そして戦後となり、新庄レポートは米国政府の調査団に押収され、そのまま米国に持ち帰られたのであった。

なお、調査団の一員であったJ・B・コーヘン博士は、軍需省の資料から日本の戦争経済を分析し、論文「日米の開戦前の戦力比」として発表している。それによると、

●鉄鋼　太平洋戦争間、そのピークにおいてもアメリカ合衆国の十三分の一。

●石油　開戦時の一九四一年、日本の石油生産は百九十四万バレル。アメリカ合衆国は十四億バレル。日本の対米比率は七二二分の一。

●マグネシウム　一九三九年の生産高はアメリカ合衆国が日本の一・五倍。一九四三年のピーク時には三十六倍。

●石炭　一九四一年の生産高は五千五百六十万トン。日本はアメリカ合衆国の九分の一。

●電力　一九四三年のピーク時の発電量は三百八十四億キロワット。一九四四年のアメリカ合衆国のピーク時の発電量は二千三百七億キロワットで、日本はアメリカ合衆国の六分の一。（『戦時戦後の日本経済』岩波書店）

重要品目について以上の数字を挙げているが、J・B・コーヘン博士がはじき出した数字は、ほぼ新庄の報告書と同じであった。いや、むしろ新庄の方が遥かに細かな分析を試みていた。

それにしても、日本の敗戦を「数字」で予告した新庄健吉の仕事を、米国が評価したとは、歴史の皮肉としかいいようがない。

あとがき

本書で、私の中の三部作が完結した。

第一作は『謀略戦　陸軍登戸研究所』（学研M文庫）。第二作は『昭和史発掘　幻の特務機関「ヤマ」』（新潮新書）。そして第三作が本作品である。

これで、空白の昭和史を埋める仕事が達成できたなどと、大それたことをいうつもりはないが、私なりに一応の決着がついたと思っている。

第一作では、軍事史の世界に封印された秘密研究所を炙り出した。第二作では、諜報憲兵が勤務していた極秘のヤマ機関に焦点を当てて日本の防諜組織を描いた。

そして本書では、「数字のスパイ」を主人公にして、戦時中の対米諜報について深く論じた。

不思議なことに、前の二作品を取材すればするほど、共通するキーワードが浮かんできたのである。それが新庄健吉という陸軍の主計将校の名であった。彼は決して名の知れた軍人ではない。また軍事スパイなどでもなかった。本職は陸軍の主計官で軍部の経済官僚だ。しかし、新庄の視野は広く、優れた国際感覚の持ち主でもあった。何とも私には魅力あふれる人物に思えたのである。昭和史の表舞台には現れぬ、こんなユニークな男がいたのだと。

ニューヨークで過ごしたのはたった百八十一日であったが、新庄にとっては米国という巨大国家を観察するのに充分な期間であったのだろう。彼は、商社、銀行などの協力を得て、公開資料のみを使い、米国の国力を分析し尽くした。

逆にいえば、戦前、商社や銀行の持つ情報網は、軍隊とは比較にならぬほど優れたものだったのだ。

第二次大戦は総力戦で、国家の経済力が勝敗を決した戦争であった。その上、再生産の利かない消耗戦でもあった。新庄健吉の「武器」はインテリジェンスだけであった。

協力者がいたとはいえ、孤独な戦いであったろう。「数字のスパイ」には派手なアクションもスリリングな銃撃戦やカーチェイスもない。だが彼は、ＦＢＩからエスピオナージとして常に監視されていた。

新庄を追跡していけばいくほど、彼のリアリストの目に舌を巻かざるをえなかった。

新庄は生前、「数字は嘘をつかないが、嘘が数字をつくる」と口にしていた。新庄がこの言葉に込めた意図は、今でも通じる真理だと思うのだ。

新庄の頃と違って、現代はパソコンの端末を叩けば、居ながらにして膨大な最新情報を手に入れることができる。飛び交う数字データも洪水のごとくだ。使っているはずのコンピュータに、逆に人間が使われているのでは……。私たちは、六十三年前に「日本は負ける」と予測した新庄のリアリストぶりを、改めて考えてみる必要があるのではなかろうか。

本書では、謎であった新庄のニューヨーク時代を詳述している。そこで在米日本大使館の一等書記官であった寺崎英成が組織したとされる在米スパイ・ネットワークとつながっていたところまで迫ってみた。
ただ唯一の心残りは、新庄は病死だったのか、それとも謀殺されたのか、結局は解明できなかったことである。

本書の完成には新庄家の人々、とくに新庄孝夫氏には多大のご協力を頂いた。また、私的なエピソードを話してくれたY子さん、その他、若松会の明知芳隆氏や中野校友会の石川洋二氏には適切な助言を頂き、心からお礼を申し上げる。
それと、本書の企画にいろいろとアイデアを出してくれた三重博一編集長と年表作成に手数をかけてくれた担当編集者の今泉眞一氏には深謝致します。

二〇〇四年七月　　著者記す

参考文献・書籍

『大本営陸軍部戦争指導班機密戦争日誌』軍事史学会編、錦正社
『マリコ』柳田邦男、新潮社
『私の波濤　あゝ海軍士官一代記』実松譲、光人社
『昭和史の謎を追う』秦郁彦、文春文庫
『昭和史1926―1945』半藤一利、平凡社
『〔真珠湾〕の日』半藤一利、文春文庫
『米内光政秘書官の回想』実松譲、光人社
『祖国に還へる』中野五郎、新紀元社
『続敵国アメリカ通信』中野五郎、東洋社
『一青年外交官の太平洋戦争　日米開戦のワシントン→ベルリン陥落』藤山楢一、新潮社
『昭和天皇独白録　寺崎英成・御用掛日記』文藝春秋
『日米開戦外交の研究　日米交渉の発端からハル・ノートまで』須藤眞志、慶應通信
『新庄健吉伝』稲垣鶴一郎聞書き、丹波文庫
『米国に使して　日米交渉の回顧』野村吉三郎、岩波書店

『昭和期の軍部』近代日本研究会編、山川出版社
『秘密のファイル　CIAの対日工作』春名幹男、新潮文庫
『諜報　情報機関の使命』ゲルト・ブッフハイト、三修社
『駐米大使野村吉三郎の無念　日米開戦を回避できなかった男たち』尾塩尚、日本経済新聞社
『日本との秘密戦』エリス・ザカリアス、朝日ソノラマ
『三六〇三号室　連合国秘密情報機関の中枢』モンゴメリー・ハイド、ハヤカワ文庫
『油断の幻影　一技術将校の見た日米開戦の内幕』高橋健夫、時事通信社
『日米開戦　封印された真実』斎藤充功、学研M文庫
『太平洋戦争への道　開戦外交史（7）日米開戦』朝日新聞社
『太平洋戦争への道　開戦外交史　別巻資料編』朝日新聞社
『太平洋戦争　日本の敗因1　日米開戦勝算なし』NHK取材班編、角川文庫
『真珠湾・リスボン・東京　続一外交官の回想』森島守人、岩波新書
『スパイの世界史』海野弘、文藝春秋
『日本陸海軍の情報機構とその活動』有賀傳、近代文芸社
『裕仁天皇五つの決断』秦郁彦、講談社
『敗戦日本の内側　近衛公の思い出』富田健治、古今書院
『ハル回顧録』コーデル・ハル、中公文庫
『神々の軍隊』濱田政彦、三五館
『国家総動員史　資料編第八』石川準吉、国家総動員史刊行会
『敵国アメリカ　米国特派員帰朝報告』加藤萬寿男編、同盟通信社

『日本戦争経済の崩壊　戦略爆撃の日本戦争経済に及ぼせる諸効果』アメリカ合衆国戦略爆撃調査団編、日本評論社
『戦時戦後の日本経済』J・B・コーヘン、岩波書店
『杉山メモ』参謀本部編、原書房

新聞・雑誌・手稿・日記

「岩畔豪雄氏談話速記録」「週刊原始福音」（百七十七号）「陸軍主計団記事」（昭和十七年二月号）「諸橋襄速記録」「文藝春秋」（平成十三年一月号）「現代」（昭和十四年五月号）「若松」（第一期・百八十二号・三百五十四号）「サロン臨時増刊号」（昭和二十四年四月）「神戸外大論叢」（昭和六十三年十二月号）「ニューズウィーク日本版別冊　激動の昭和」「週刊読売臨時増刊号」（昭和三十一年十二月八日号）「両丹日日新聞」（昭和四十八年五月十九日、二十二日、二十四日）「新庄健吉追憶記」（私家版）「加藤萬寿男日記」

太平洋戦争開戦史、及び新庄健吉に関する年表（太字が新庄に関するもの）

一八九七（明治三〇）年	**京都府何鹿郡中筋村（現・綾部市上延町）にて出生する。**
一九〇四（明治三七）年	日露戦争が勃発。
一九一四（大正三）年	サラエボで墺の皇太子が暗殺される。第一次大戦が勃発。
一九一八（大正七）年	**陸軍経理学校を卒業する。**
一九二〇（大正九）年	**シベリアに出兵した師団の経理部主計として同地に出征。**
一九二三（大正一二）年	**復員後、上原喜美野（後に範子と改名）と結婚。**
一九三一（昭和六）年	関東軍による満鉄線路爆破。満州事変が勃発。
一九三三（昭和八）年	日本、国際連盟を脱退する。
一九三五（昭和一〇）年	**軍事研究員として再びソ連邦に派遣される（一年余滞在）。**
一九三六（昭和一一）年	**独、英、仏、東欧などに派遣される。**
一九三八（昭和一三）年	**企画院に調査官として出仕する。**

一九三八（昭和一三）年	国家総動員法公布。
一九三九（昭和一四）年	**支那派遣軍総司令部の経理部員に発令される。**
一九四〇（昭和一五）年	**主計大佐に進級。内地に召還され、経理学校教官に。**
一九四一（昭和一六）年	
一月	**米国陸軍駐在員の肩書きの下、対米諜報に任じられる。**
二月	野村吉三郎が駐米大使として着任。日米交渉が本格化する。
三月	**横浜から「龍田丸」にて米国に向かう（寺崎英成一等書記官、岩畔豪雄大佐も「龍田丸」に同乗していた）。**
四月	**ニューヨーク着。三井物産ニューヨーク支店の一室を本拠に、米国の国力調査を開始する。**
六月	独、ソ連邦に侵攻を開始する。
七月	第三次近衛内閣が成立、松岡洋右外相を更迭する。 日本軍、南部仏印（現・ベトナム）に進駐する。 米国は、在米日本資産を凍結する。 **米国の国力調査をまとめた「第一次報告書」が完成。帰国予定の岩畔豪雄に政府・統帥部への提出を託す。**
八月	米国は、対日石油輸出を禁止する。

	ルーズベルト＝チャーチル会談で「大西洋憲章」を発表。
	帰国した岩畔は新庄の「第一次報告書」を東条英機はじめ戦争指導部へ提出するが、ことごとく否定されてしまう。
	ニューヨークの新庄に、在米武官府付の新たな辞令が届く。
九月	第二回御前会議が開かれ、対米開戦が決定される。
一〇月	**ニューヨークを離れる前に三井物産駐在員たちを集め、彼らの前で「開戦すれば日本は負ける」と講演する。**
	ワシントンＤＣの陸軍武官府に異動する。
	近衛内閣が総辞職し、東条内閣が成立する。
	ソ連のスパイ、ゾルゲが逮捕される。「ゾルゲ事件」発覚。
一一月	第三回御前会議で、米国への最終回答「甲案」「乙案」決定。
	感冒をこじらせ体調が悪化、ジョージタウン大学付属病院に緊急入院する。
	米国、日本への最後通牒「ハル・ノート」を提示する。
	南雲中将率いる機動部隊が千島単冠湾よりハワイへ出撃。
一二月	第四回御前会議、開戦を正式に決定。米国との交渉打切り。

一九四二（昭和一七）年	
	闘病のかいなく入院先の病院で死去。享年四十四。 独、モスクワ攻略戦でソ連軍に敗退。 ワシントン時間で七日朝までに、対米開戦通告の暗号電「九〇二号電」及び手交の時間を指示した「九〇七号電」が日本大使館に着く。しかし、大使館の不手際で手交に遅れる。 真珠湾攻撃決行。 **攻撃開始前後の時刻に葬儀がなされる。** **野村大使らとともに遺骨が日本に帰国する。**

斎藤充功　1941(昭和16)年東京生まれ。ノンフィクション作家。主に、歴史、国家と情報といったテーマを中心にルポを執筆。『昭和史発掘　幻の特務機関「ヤマ」』『刑務所を往く』など著書多数。

Ⓢ新潮新書

076

昭和史発掘《しょうわしはっくつ》
開戦通告《かいせんつうこく》はなぜ遅《おく》れたか

著　者　斎藤充功《さいとうみちのり》

2004年7月20日　発行

発行者　佐藤隆信

発行所　株式会社新潮社

〒162-8711　東京都新宿区矢来町71番地
編集部(03)3266-5430　読者係(03)3266-5111
http://www.shinchosha.co.jp

印刷所　錦明印刷株式会社
製本所　錦明印刷株式会社

ISBN4-10-610076-2　C0221